科学のとびら55

世界の化学企業

グローバル企業21社の強みを探る

田島慶三 著

東京化学同人

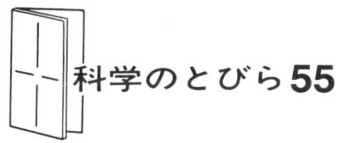

目次

I　百年ぶりの変革期にある世界の化学産業

こんな会社名をご存知ですか？

〝世界の化学会社〟というと、みなさんはどんな会社名が思い浮かびますか。デュポン、ファイザー、ダウ・ケミカル、P&G、グッドイヤー、3M（スリーエム）、BASF、バイエル、ロシュ、ユニリーバなど、伝統ある名前がまず思い浮かぶのではないでしょうか。最近は、世界の化学会社売上高ランキングの上位に、シノペック、台塑関係企業（FPG）、SABIC（サビック）、リライアンス・インダストリーズ、LG化学、サソール、ブラスケムのような、新興国の化学会社が進出しています。これらの会社の多くは、すでに一九八〇年代から世界的な規模で活動しているので、「名前くらいは聞いたことがある」という人もいるかもしれません。

しかし、分社化や合併などの激しい企業再編成によって生まれたノバルティス、サノフィ、アストラゼネカ、アクゾノーベル、ランクセス、ヤラ・インターナショナル、モザイクになるとほとんど聞いたことがない会社ばかりになり、さらにエボニック、イネオス、ライオンデルバセルのように化学産業以外の会社や金融資本による買収によって生まれた会社になると、日本の化学産業で働く人でも聞いたことがない会社が多くなります。しかし、これらの会社も日本の大手化学会社に匹敵あるいはその数倍もの売上高をもつ会社なのです。

その一方で、昔からおなじみの名前の会社が多数消えています。ダウ・ケミカルに買収されたユニオン・カーバイド（UCC）やローム・アンド・ハース（R&H）、ファイザーに二〇一〇年に買収されたワイス、メルク・アンド・カンパニーに二〇〇九年に買収されたシェーリング・プラウ、バイエルに二〇〇六年に買収されたシェーリングなどです。そしてドイツとフランスの名門化学会社ヘキストとローヌ・プーランはその医薬品部門がサノフィの一部になっていますが、歴史的にも名高い多くの事業が分解・売却され、名門会社名は完全に消えました。同様の変化が世界で最初にポリエチレンを開発したことで有名な英国の名門ＩＣＩにも起こりました。

台頭する新興国の化学産業

現在、世界の化学産業は、第一次世界大戦後に並ぶ大きな変革期にあります。近代化学産業は、一八世紀に英国の酸アルカリ工業で始まり、一九世紀後半にドイツの合成染料工業で発展し、つづいて合成医薬品工業、電気化学工業も生まれました。二〇世紀初頭までの化学産業は、もっぱら西欧で展開してきました。

これに対して、一九世紀末から米国化学産業が急速に発展し、第一次世界大戦後にはドイツを追い抜いて、世界第一位の化学産業国に成長しました。さらに日本、ロシアなどの新興化学産業国が西欧化学産業国の競争相手として世界の化学産業の舞台に登場し、欧州内でも北欧、スイス、ベルギーなどの化学会社が成長してきました。

現在の世界の化学産業は、それから約百年間続いた欧州、米国、日本の三極体制に対して、アジア（台湾、韓国、中国、インドなど）、中東（サウジアラビア、カタール、アラブ首長国連邦など）、南米（ブラジル）、アフリカ（南アフリカ）などの新興化学産業国が急速に存在感を高め、百年ぶりの大きな変革期にあります。特に二〇〇〇年代における中国の急速な発展には目を見張るものがあり、近々世界第一位の化学産業国になるのではとの勢いです。

第一次世界大戦後の変革期には、有力な競争相手となってきた米国のデュポンなどに対抗するために、西欧の化学産業国では大規模な企業再編成が起こりました。一九二五年のＩＧ（イーゲー）染料工業と一九二六年のＩＣＩの設立です。前者はドイツの八社が、後者は英国の四社が大合同して成立した巨大な化学会社でした。この巨大な化学会社は、酸アルカリ、合成染料など当時の既存の化学産業分野での競争力強化を狙って誕生した会社でしたが、既存分野に安住せず、その後、一九三〇～一九四〇年代に起こった化学技術革新（プラスチック、合成繊維、合成ゴム、合成石油、合成農薬など）を生み出す主役となり、二〇世紀化学産業の飛躍的な発展をもたらしました。

これに対して、現在の変革期にも先発化学産業国で大規模な企業再編成が起きています。しかし、今回の企業再編成はあまりにも激しく、しかもいまだに混沌として、はっきりした方向性も、だれが次の時代の主役になるのかも見えていません。しかしいくつかの大きな流れは見えてきました。

この二〇年間の日本の化学産業

化学産業のとらえ方は、人によってさまざまです。化学産業をどのように考えるかによって、化学産業の変化の見え方も大きく変わってきます。

日本の統計を作成する際の基礎として、日本標準産業分類（総務省統計局）があります。表１に示すとおり、「化学工業」には化学薬品、プラスチック、合成ゴム、医薬品、洗剤、化粧品、化学肥料などが含まれています。これに対して、「化学工業」でつくられたプラスチックを原料としてフィルムや容器のような成形加工製品をつくる「プラスチック製品製造業」、天然ゴムや合成ゴムを原料と

表1　化学産業の範囲（総務省統計局日本標準産業分類より作成）

中分類	小分類†	細分類†	
16	化学工業		
	161	化学肥料	
	162	無機化学工業製品（酸アルカリ，無機顔料，産業ガス，無機薬品）	
	163	有機化学工業製品（石油化学基礎製品，有機薬品，プラスチック，合成ゴム，合成染料）	
	164	油脂加工製品・石けん・合成洗剤・界面活性剤・塗料	
	165	医薬品	
	166	化粧品・歯磨・その他の化粧用調整品	
	169	その他の化学工業（火薬，農薬，香料，接着剤，写真感光材料など）	
18	プラスチック製品製造業		
	181	プラスチック板・棒・管・継手・異形押出製品	
	182	プラスチックフィルム・シート・床材・合成皮革	
	183	工業用プラスチック製品	
	184	発泡・強化プラスチック製品	
	185	プラスチック成形材料（コンパウンド，廃プラスチック）	
	189	その他のプラスチック製品（日用品雑貨，容器など）	
19	ゴム製品製造業		
	191	タイヤ・チューブ	
	192	ゴム製・プラスチック製履物・同附属品	
	193	ゴムベルト・ゴムホース・工業用ゴム製品	
	199	その他のゴム製品（ゴム引布など）	
11	繊維工業		
		1112	化学繊維（レーヨン，アセテート，合成繊維）

†　小分類，細分類の名称に付く「製造業」を省略してある．

してタイヤなどの成形加工製品をつくる「ゴム製品製造業」、二〇〇七年一一月に日本標準産業分類が改定されるまでは「化学工業」に含まれていた「化学繊維製造業」を加えて、本書では広く「化学産業」ととらえ、以下の分析を進めます。

化学産業では、石油や天然ガスを原料として化学薬品をつくり、つぎにそれを原料としてプラスチックや医薬品原薬を、さらにそれを原料としてプラスチック製品や医薬品製剤をつくることによって、はじめてほかの産業で使われる化学製品となる場合がしばしばあります。会社内あるいは産業内で何回も原料→製品を繰返し、そのたびに価値が上がっていきます。この増加した価値を付加価値額といいます。一国全体の付加価値額を合計したものが国内総生産（ＧＤＰ）です。これに対して、会社の売上高や工場出荷額を単純に合計すると多数の重複が発生します。産業の動向を正確に把握するには、付加価値額でとらえることが重要です。

図１に付加価値額でみた日本の化学産業の最近二〇年間の動向を示します。残念なことに、日本の化学産業の付加価値額合計は、一九九〇年代はほとんど横ばい、二〇〇〇年代には減少していることがわかります。特に二〇〇八年秋から始まった世界金融危機のために化粧品、洗剤といった消費者が直接手にとる化学品（消費財）と医薬品を除くすべての分野で大きく落込みました。二〇一〇年にようやく、二〇〇八年水準まで回復しました。

医薬品、プラスチック製品、有機化学（いわゆる石油化学がおもに該当）の三工業で日本の化学産業の付加価値額の七割を占めます。そのうち有機化学工業はこの二〇年間減少傾向が続いているので、医薬品工業とプラスチック製品製造業が日本の化学産業の二大柱となってきました。医薬品、プラスチック製品、ゴム製品、化粧品、洗剤・塗料のような化学産業の出口に近い分野の割合が、一九九〇年の六五パーセントから二〇一〇年には七一パーセントにまで上昇し、有機化学工業、化学繊維工業、肥料・無機化学工業のような化学産業の入口に近い分野の割合が二八パーセントから二三パーセントにまで低下しました。

世界の化学産業が新興産業国の台頭という大きな変革期にある中で、日本の化学産業は停滞・後退しつつも、その内部構造は医薬品、機能化学、消費財化学品中心へと着実に変化しています。

世界の化学産業の変化

それでは世界の状況はどうなっているかといいますと、世界の化学産業には、日本の工業統計のような付

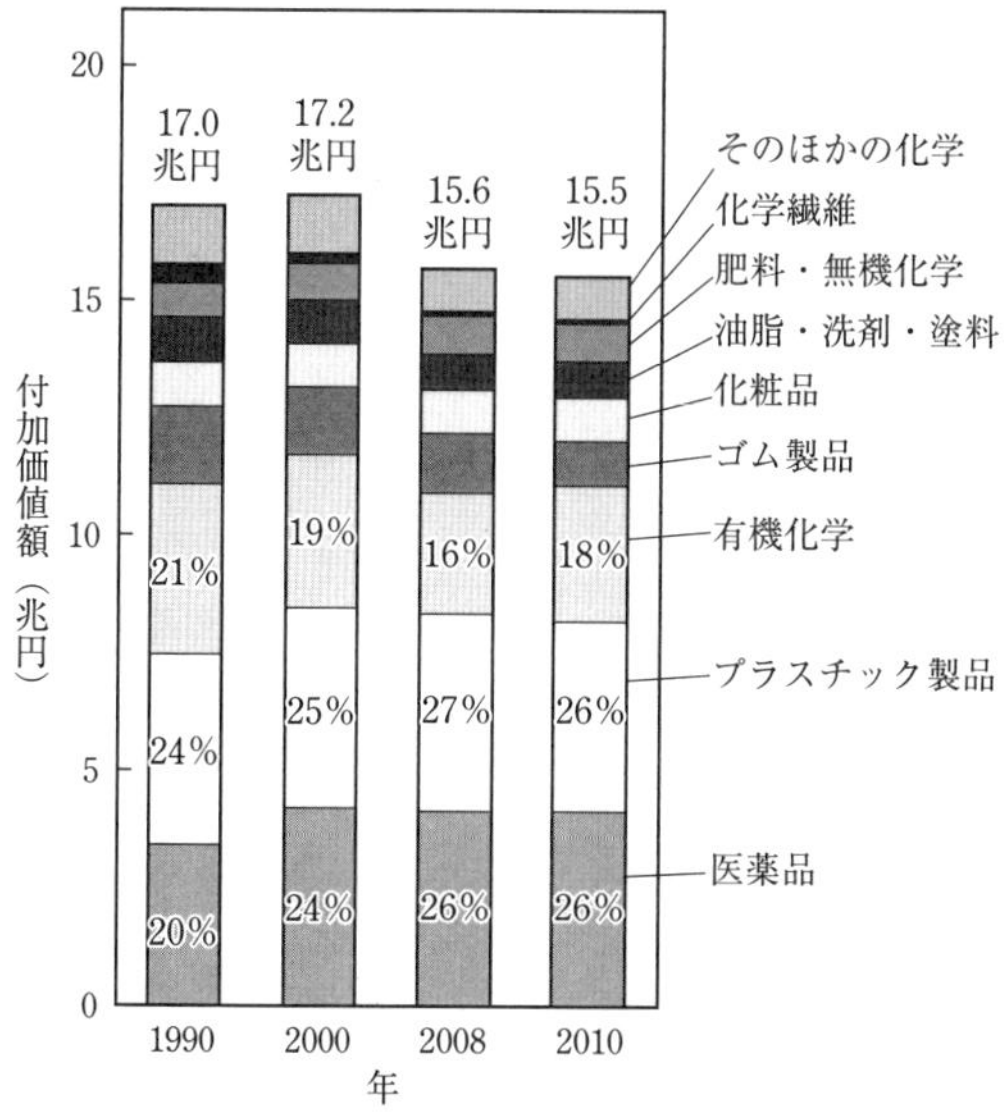

有機化学は有機薬品・プラスチック・合成ゴム・合成染料，油脂・洗剤・塗料は油脂加工製品・界面活性剤・合成洗剤・塗料・印刷インキ，肥料・無機化学は化学肥料・酸アルカリ・無機薬品，そのほかの化学は火薬，農薬，写真感光材料，試薬，香料．

図１　日本の化学産業付加価値額推移とその内訳
（工業統計より作成）

加価値額までとらえた優れた統計もなければ、出荷額や売上高ベースであっても化学産業全体を俯瞰できるだけの満足な統計もありません。したがって主要な会社の動向や特定の工業分野の出荷額統計などから、この二〇年の変化を考え、整理してみるしかありません。

まず、世界の化学産業全体としては、順調な成長が続きました。日本の化学産業全体が停滞・後退であったのとは対照的です。二度の石油危機があった一九七〇～一九八〇年代に比べても良好でした（表1の「化学工業」の範囲に限定されるが、参考までに図2に世界の化学産業の出荷額動向を示す）。その要因は、世界の化学産業全体の成長を大きく引上げるような技術革新ではありませんでした。たとえば、一九八〇年代に世界の多くの化学会社が次世代を拓く技術革新といわれたバイオテクノロジーに強い関心をもち、先進化学産業国では、この二〇年間、医薬品とアグリビジネスへの展開が積極的に図られました。しかし、化学産業全体に幅広い影響を及ぼし成長率を大きく引上げるほど

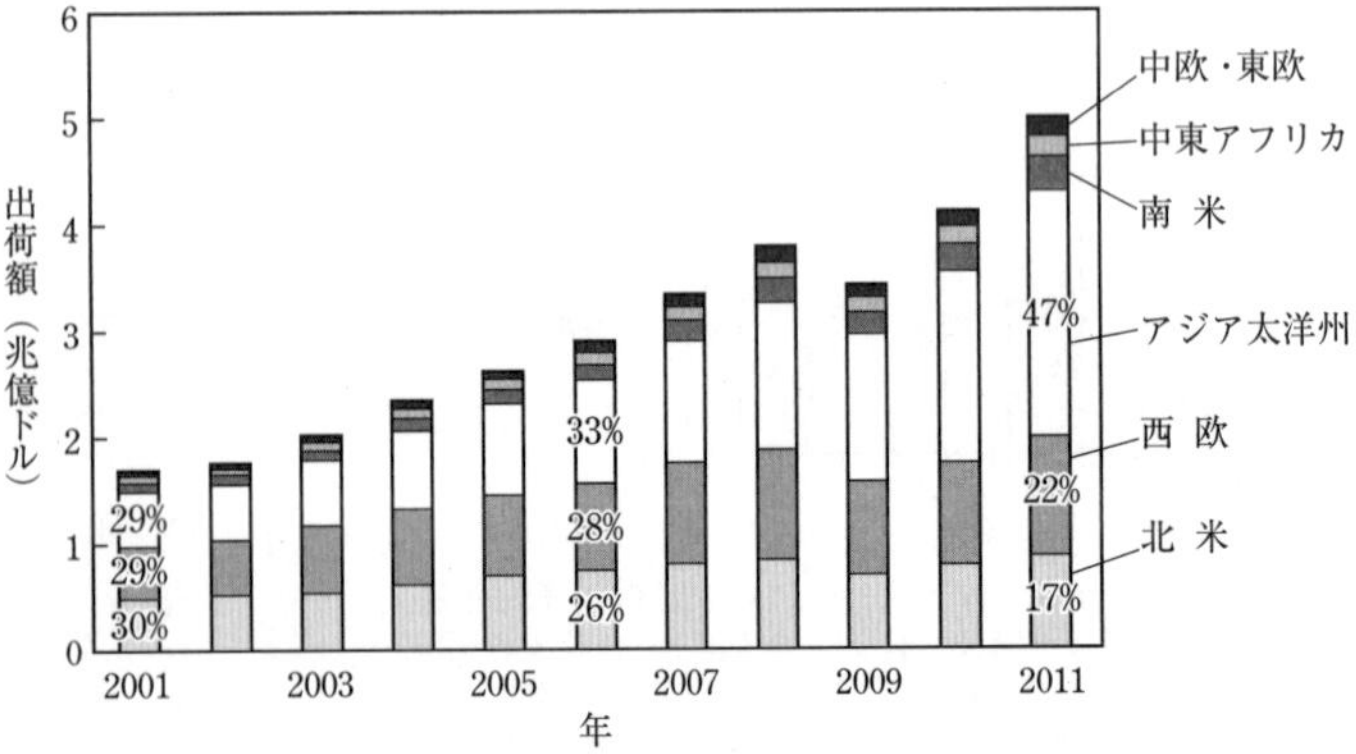

資料に明確な説明はないが，化学産業の範囲は表1の化学工業にほぼ該当．

図2　世界化学産業の出荷額動向（American Chemical Councilより作成）

の主役には、現在でもまだなっていないといえます。この二〇年間の順調な成長を支えたのは、むしろ一九三〇〜一九四〇年代に基盤が築かれた既存技術の改良と、それの新興地域への波及でした。新興国の台頭は需要面だけでなく、中東産油・産ガス国での大規模な石油化学工業、化学肥料工業に代表されるように、供給面においても該当します（表1の「化学工業」の範囲に限定されるが、参考までに図3に各国あるいは地域の出荷額動向を示す）。中東の石油化学品が大量にアジア新興地域に輸出される一方、欧米医薬品、消費財化学品（化粧品、洗剤など）が中東やアジアに輸出されるなどによって、世界の化学品貿易は大きく伸びました。地区と分野を組合わせて考える

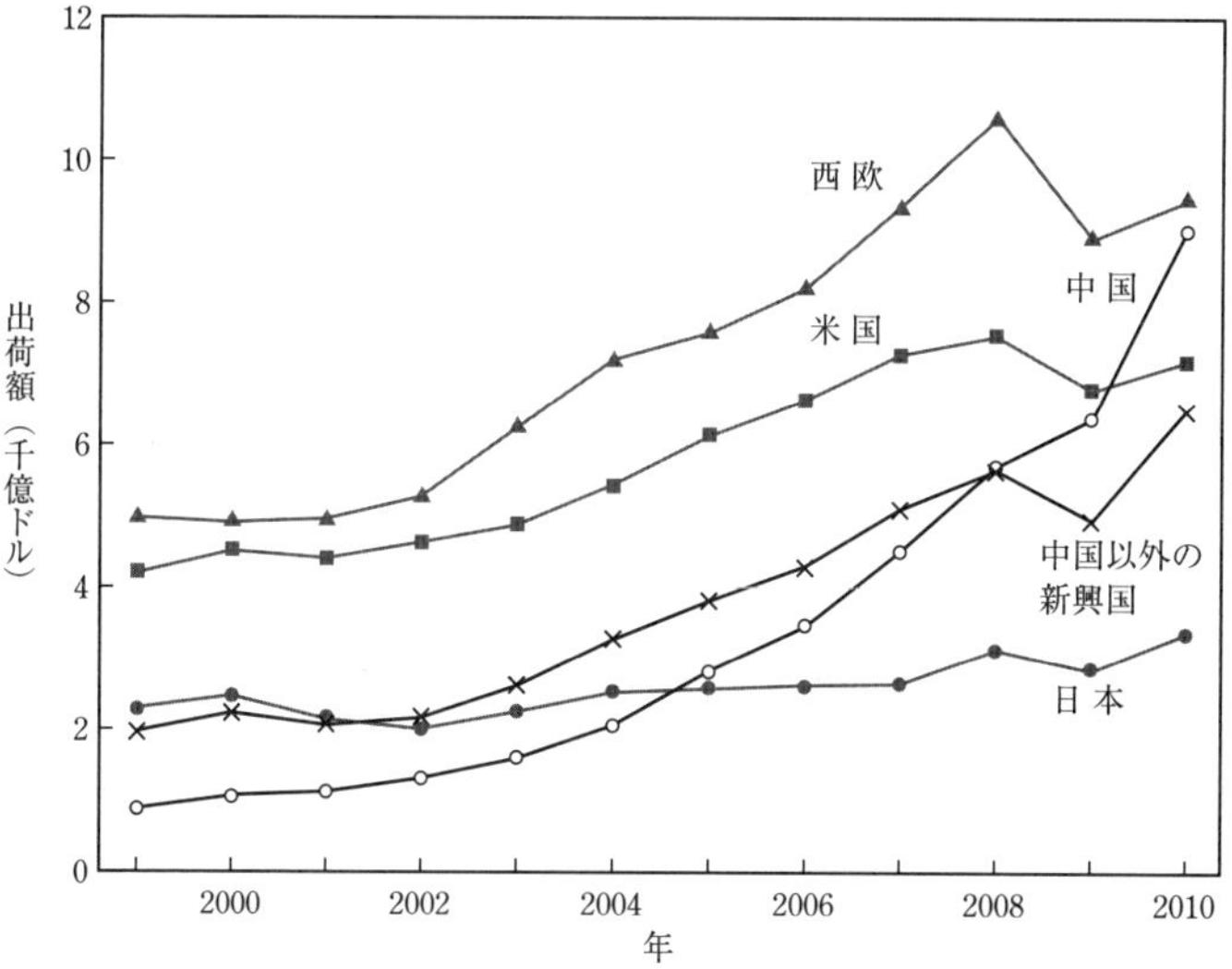

資料に明確な説明はないが，化学産業の範囲は表1の化学工業にほぼ該当．
中国以外の新興国は，韓国，台湾，インド，ブラジル，中東アフリカを合計．

図3　新興化学産業国の出荷額動向（American Chemical Councilより作成）

と、欧米の医薬品、新興国の石油化学、先進国の機能化学が成長の牽引車でした。しかし二〇〇〇年代後半には米国医薬品市場の成長力の弱まりが明確になってきました。

一方、企業経営としては、グローバル化の進展があげられます。すでに一九七〇年代から欧米間では相互の資本進出が盛んで多国籍企業が生まれていました。しかしこの二〇年間は、日本や新興化学産業国も加わって、経営のグローバル化が大きく進展しました。国内需要が停滞・後退している日本の化学会社は、経営のグローバル化に成長の道を求めました。日本の大手医薬品四社、ブリヂストン、DICなどが代表的な例です。

また、設備投資と自社内研究開発による内部成長から、この二〇年間は企業の合併・買収（M&A）による企業成長、事業整理再編がごく普通の経営手法として用いられるようになりました。この結果として、本来は化学事業が専門ではなかったファンド（金融）系の巨大な化学会社がいくつも誕生しています。

事業内容の流れも変わってきました。今までの、化学産業に伝統的な、技術や原料・副生品の総合活用による事業展開という「技術や供給力先導型の経営」から、市場ニーズへの対応を重視した事業展開という「市場先導型の経営」への変更です。この結果として化学産業内での多角化・総合化よりも、化学産業内の特定分野、得意分野へ事業を集中する傾向が強まりました。特に医薬品への特化、機能化学の分社化、さらに機能化学事業を幅広く行わず、その中の特定分野に集中する傾向が強まりました。

石油化学事業も、従来は、オレフィン・芳香族炭化水素などの石油化学基礎製品から、石油化学中間製品である有機化学品、石油化学最終製品であるプラスチックまで総合的に行う経営が一般的でした。現在でも日本や新興国ではそのような経営が行われています。しかし、欧米では一転して、石油化学基礎製品への集中や特定プラスチックへの集中という戦略をとる会社が多く生まれました。また、石油メジャーが石油開発・石油精製とともに、石油化学を展開する例が多数ありましたが、二〇〇〇年代には石油事業に集中するために、石油化学事業を縮小、撤退する例も多数みられました。一方、日本をはじめ、先進国の石油化学などを主要事業とする会社の中に、機能化学へと事業転換を図り、中東をはじめとする新興国石油化学会社との競合を避けようとする動きが幅広くみられました。

世界の化学会社売上高ランキング

世界の化学産業の変化を世界の化学会社の売上高ランキングで確認してみましょう。表2（一四ページ）に二〇一二年売上高による世界の化学会社のランキングを示します。

表2をみると、多くの医薬品会社が上位に進出していることが目につきます。上位一〇社のうち六社、掲示した八五社のうち二五（複数の主要事業をもつ会社は重複して計算。以下同じ）社が医薬品専業あるいは大きな医薬品事業をもちます。この二〇年間で非常に大きなM＆Aが毎年のように行われ、巨大な医薬品会社が誕生しました。新規医薬品開発のために長期にわたる巨額な研究開発費が必要になり、それに耐えうる会社の規模が求められているためといわれています。医薬品事業の中に、得意分野に集中強化するという動きもありますが、それよりも、会社全体の規模を大きくしようとする動きが目立ちます。

一方、石油化学会社は、八五社のうちでは二五社を占めるものの、上位一〇社のうちでは四社にすぎません。総合的な石油化学事業展開よりも、得意分野への集中が進んでいることから、石油化学専業であっても上位一〇社に入ることは難しくなりました。一方、新興国の石油化学会社は、総合的な石油化学の事業展開を行っているために急速に成長しています。

このほか消費財化学品を主要部門とする会社も八五社のうち一四社と多く入り、上位一〇社のうちでも一社あります。消費財化学品の場合、化粧品のみに特化した会社もありますが、洗剤トイレタリーから化粧品まで幅広く事業展開している会社もたくさんあります。消費財化学品の中では得意分野への集中という動きは強くみられません。

機能化学を主要部門とする会社も八五社のうち二三社と多いものの、個々の機能化学事業は相互の関連性が低いうえに、特定の機能化学分野だけでは世界市場規模がそれほど大きくないために、機能化学事業のみに特化した会社で上位一〇社に入るほどの売上規模をもつ会社は生まれていません。二〇〇八年にＩＣＩを合併して塗料の世界シェア一五パーセントをもつようになったアクゾノーベルですら、世界ランキングで三〇位台です。その一方でＢＡＳＦやダウ・ケミカルなど石油化学大手会社が事業構造転換を図るために大手の機能化学会社を買収する例が相次いでいます。

従来から専業会社が多い産業ガス、ゴム加工（タイヤ）分野には、グローバル展開している会社が多くあります。一方、アグリビジネスについては、バイオテクノロジーによる種子事業と農薬事業の組合わせ、化学肥料への専業化などユニークな事業展開を行って世界の大手化学会社に成長してきた会社がみられます。

世界の中で存在感をもつほどの主要事業分野を複数もっている会社は、表2に掲載した八五社の中で一四社に過ぎず、化学会社の専門分野への特化が進んでいます。もはや医薬品とほかの事業（石油化学、機能化学、消費財など）をもつ会社は、ジョンソン・エンド・ジョンソン、バイエル、P&G、三菱ケミカルホールディングス、メルクKGaAなど少数になりました。

また、国別では八五社の中で、本社が米国にある会社が二七社、日本一八社、ドイツ八社、フランス五社、英国五・五社、オランダ三・五社（他国との共同を含む）、スイス三社、韓国三社と日本は健闘しています。しかし、日本の石油化学、機能化学、消費財化学品会社のグローバル展開はまだまだ遅れており、同業の欧米会社に比べて成長力で劣るケースが目につきます。この二〇年間、中国、台湾、韓国、サウジアラビア、インド、ブラジルなど新興産業国も、各国のトップ化学会社が八五社に入り、着実に順位を上げていることから、今後日本の化学会社のグローバル競争はますます激しくなると予想されます。

この八五社から、長らく世界のトップクラスの地位を確保してきた企業として、デュポン、バイエル、BASF、ダウ・ケミカル、エクソンモービルを選び、また近年急拡大した医薬品工業の代表として米国と欧州から一社ずつ、ファイザーとロシュを、さらにバイオベンチャーからアムジェン、消費財企業からはP&G、ユニークな経営法の企業として3M、大きな変身をとげた企業としてモンサント、PPGインダストリーズ、アクゾノーベル、リンデの四社、新興企業としてSABICとアジア民間企業三社を選んで第Ⅱ部で紹介します。第Ⅲ部では、世界の視点から見て注目される日本企業三社を選択して紹介します。

表2　世界の化学会社売上高ランキング（2012年）†1

	会社名†2	本社国	化学売上高（億ドル）	化学割合（%）	化学主要分野†3
1	BASF	ドイツ	797.60	79	石油化学 機能化学
2	P&G	米　国	753.41	90	消費財，医薬
3	ファイザー	米　国	589.86	100	医　薬
4	ダウ・ケミカル	米　国	567.86	100	石油化学 機能化学
5	ノバルティス	スイス	566.73	100	医　薬
6	シノペック	中　国	564.42	13	石油化学
7	バイエル	ドイツ	511.25	100	医薬，機能化学
8	メルク& Co.	米　国	472.67	100	医　薬
9	SABIC	サウジアラビア	464.48	92	石油化学
10	サノフィ	フランス	449.36	100	医　薬
11	シェル	英　国	427.15	9	石油化学
12	グラクソ・スミスクライン	英　国	418.87	100	医　薬
13	ジョンソン&ジョンソン	米　国	397.98	59	医薬，消費財
14	エクソンモービル	米　国	387.26	9	石油化学
15	三菱ケミカル HD	日　本	386.94	100	石油化学，医薬
16	ロシェ	スイス	375.73	77	医　薬
17	FPG	台　湾	364.12	60	石油化学

†1　石油化学，機能化学をおもな対象とする *C&EN*，2013年7月31日号に掲載された Global Top 50 の掲載会社に，製薬，タイヤ，消費財化学会社を追加して，化学産業の範囲におおむね該当する事業セグメント売上高を集計して作成した．為替レートは，*C&EN* に掲載のものを使用した．たまたま *C&EN*（2013）に掲載のなかった会社は，前年データから化学売上高を推定した．

†2　HD はホールディングス（持株会社）の略．

†3　消費財は化粧品・洗剤トイレタリー製品，石油化学はオレフィン・芳香族炭化水素などの石油化学基礎製品に石油化学中間薬品・汎用プラスチックを加え，さらに酸アルカリなどの基礎化学品も加えた．機能化学は，ポリウレタン・エンジニアリングプラスチック・塗料・インキ・ファインケミカル製品・スペシャリティケミカル製品．アグリは遺伝子組換種子・農薬・化学肥料．医薬は医療用医薬品・市販薬・動物薬に加えて医療用栄養剤を含む．

表2（つづき）

	会社名[†2]	本社国	化学売上高（億ドル）	化学割合（%）	化学主要分野[†3]
18	ユニリーバ	英・蘭	349.16	53	消費財
19	デュポン	米　国	348.12	100	機能化学
20	アボット・ラボラトリーズ	米　国	325.11	82	医　薬
21	ライオンデルバセル	オランダ	320.61	71	石油化学
22	ブリヂストン	日　本	318.30	84	ゴム加工
23	3M	米　国	299.04	100	消費財 機能化学
24	ロレアル	フランス	288.84	100	消費財
25	アストラゼネカ	英　国	279.73	100	医　薬
26	ミシュラン	フランス	276.12	100	ゴム加工
27	トタル	フランス	270.11	11	石油化学
28	住友化学	日　本	244.61	100	石油化学 機能化学
29	イネオス	英　国	233.87	100	石油化学
30	イーライ・リリー	米　国	226.03	100	医　薬
31	ヘンケル	ドイツ	212.29	100	消費財 機能化学
32	グッドイヤー	米　国	209.92	100	ゴム加工
33	LG化学	韓　国	206.57	100	石油化学 機能化学
34	テバ・ファーマスーティカル	イスラエル	203.17	100	医　薬
35	アクゾノーベル	オランダ	197.89	100	機能化学
36	武田薬品工業	日　本	195.10	100	医　薬
37	ベーリンガー・インゲルハイム	ドイツ	188.90	100	医　薬
38	エア・リキード	フランス	186.97	95	産業ガス
39	ブラスケム	ブラジル	181.79	100	石油化学
40	東レ	日　本	177.14	89	機能化学

表2（つづき）

	会社名[†2]	本社国	化学売上高（億ドル）	化学割合（%）	化学主要分野[†3]
41	ブリストル・マイヤーズ・スクイブ	米　国	176.21	100	医　薬
42	三井化学	日　本	176.17	100	石油化学
43	アムジェン	米　国	172.65	100	医　薬
44	エボニック	ドイツ	172.17	98	機能化学
45	ソルベイ	ベルギー	164.99	100	機能化学
46	リンデ	ドイツ	163.55	83	産業ガス
47	リライアンス・インダストリーズ	インド	162.39	24	石油化学
48	花王	日　本	152.89	100	消費財
49	レキット・ベンキーザー	英　国	151.62	100	消費財
50	富士フイルム HD	日　本	150.66	54	消費財 機能化学
51	コルゲート・パルモリーブ	米　国	149.25	87	消費財
52	ヤラ・インターナショナル	ノルウェー	145.25	100	アグリ
53	メルク KGaA	ドイツ	143.67	100	医薬，機能化学
54	シンジェンタ	スイス	142.02	100	アグリ
55	バクスター	米　国	141.90	100	医　薬
56	PPG インダストリーズ	米　国	141.68	93	機能化学
57	ロッテ化学	韓　国	141.21	100	石油化学
58	モンサント	米　国	135.04	100	アグリ
59	ノボ・ノルディスク・ファーマ	デンマーク	134.76	100	医　薬
60	シェブロン・フィリップス・ケミカル	米　国	133.07	100	石油化学
61	旭化成	日　本	132.65	64	石油化学 機能化学
62	信越化学	日　本	128.47	100	機能化学
63	アステラス製薬	日　本	125.98	100	医　薬

表2（つづき）

	会社名[†2]	本社国	化学売上高（億ドル）	化学割合（%）	化学主要分野[†3]
64	第一三共	日　本	125.01	100	医　薬
65	エコラボ	米　国	118.39	100	洗浄剤 水処理剤
66	DSM	オランダ	117.41	100	機能化学
67	ランクセス	ドイツ	116.93	100	機能化学
68	プラックスエア	米　国	112.24	100	産業ガス
69	ハンツマン・コーポレーション	米　国	111.87	100	機能化学
70	SK イノベーション	韓　国	111.63	17	石油化学
71	モザイク	米　国	111.08	100	アグリ
72	エイボン・プロダクツ	米　国	107.17	100	消費財
73	大塚 HD	日　本	106.60	70	医　薬
74	サソール	南アフリカ	106.07	52	石油化学
75	エスティ・ローダー	米　国	97.14	100	消費財
76	ギリアド・サイエンシズ	米　国	97.03	100	医　薬
77	ボレアレス	オーストリア	97.02	100	石油化学
78	S.C. ジョンソン	米　国	96.00	100	消費財
79	エアー・プロダクツ・アンド・ケミカルズ	米　国	91.92	96	産業ガス
80	住友ゴム工業	日　本	88.98	100	ゴム加工
81	DIC	日　本	88.17	100	機能化学
82	資生堂	日　本	84.91	100	消費財
83	日東電工	日　本	84.64	100	機能化学
84	東ソー	日　本	83.75	100	石油化学
85	エニ	イタリア	82.53	5	石油化学

コラム

化学産業の構造と特殊な用語について

ここで、化学産業についてなじみのない方のために、化学産業の簡単な説明と本書でよく使われる化学産業の特殊用語について説明します。化学産業をよく知っている方は、読み飛ばしていただいてかまいません。

化学産業の構造

化学産業は、まず、いろいろな天然資源を原料として、さまざまな化学製品をつくるための基本単位（ユニット）となるような簡単な分子構造の物質を大量生産します。この基本単位となる化学製品を**基礎化学品**といいます。**基礎化学品工業**には、石油化学基礎製品工業、酸アルカリ工業、産業ガス工業、無機薬品工業などがあります。

現代の化学産業で使われる最大の天然資源は、石油と天然ガスです。これから石油化学基礎製品といわれるエチレン、プロピレン、ブタジエン、ベンゼン、キシレンなどがつくられます。天然ガスを原料につくられるアンモニアや硝酸、メタノールも重要な基礎化学品です。天然資源として食塩（海水からの天日製塩や地下の岩塩を利用）からはカセイソーダと塩素が、石油や鉱物中の不純物（廃ガス）である硫黄や二酸化硫黄（亜硫酸ガス）からは重要な基礎化学品である硫酸がつくられます。空気と水は最も安価な天然資源であり、酸素、窒素、水素などの基礎化学品が生み出されます。また、多くの鉱産物からさまざまな無機薬品（量の大きなものではカーボンブラック、ケイ酸塩、硫酸バンドなどのアルミニウム化合物、ゼオライト、酸化チタン、リン酸、フッ酸など）がつくられます。

石油や天然ガスに比べると利用される規模が小さくなりますが、石炭、油脂、炭水化物、各種の鉱物も、化学産業にとって重要な天然資源です。油脂は昔からせっけんの原料でしたが、現代では高級脂肪酸、高級アルコールという基礎化学品がつくられます。炭水化物としては、糖類やデンプンはしばしば食糧と競合します。サトウキビのしぼり液から砂糖（ショ糖）を取った残りの糖蜜は、重要な発酵化学原料（エタノール、アミノ酸、抗生物質など）です。また、セルロース（パルプの主成分となっている炭水化物）は、かつてはセルロイドやレーヨンなどの重要な原料でしたが、現在ではアセテート繊維などごく限られた用途に使われるだけになりました。

つぎに、基礎化学品をさまざまに組合わせて化学反応させ、**中間化学品**とよばれる非常に多種類の化学物質が生産されます。化学肥料、有機薬品、プラスチック（合成樹脂）、合成ゴム、界面活性剤、医薬品（原薬）、農薬（原薬）、染料、顔料などです。**中間化学品工業**が、一番化学工業らしいともいえましょう。いくつかの例を挙げますと、アンモニアからは代表的な化学肥料である尿素や硫安がつくられます。エチレン、プロピレンからは、プラスチックのポリエチレンやポリプロピレンが、ベンゼンからはスチレン、フェノールなどの有機薬品を経て、ポリスチレンやフェノール樹脂、ポリカーボネート樹脂などがつくられます。高級アルコール、高級脂肪酸からは界面活性剤がつくられます。こういう中間化学品をつくる際に、硫酸、カセイソーダ、塩素、酸素、水素などの反応性の高い基礎化学品が反応に合わせて使われます。

中間化学品同士をさらに反応したり、混合したり、成形したりして、**最終化学品**がつくられます。洗剤、化粧品、医薬品（製剤）、農薬（製剤）、接着剤、塗料、印刷インキ、香料、写真フィルム、プラスチック成形加工製品、合成繊維、ゴム成形加工製品など、一般の方々が目にする身のまわりの化学製品です。中間化学品で説明した医薬品（原薬）は、医薬品としての効き目のある成分ですが、これをそのまま使うことはほとんどありません。錠剤やカプセルにしたり、注射薬にします。これが医薬品（製剤）工業です。もっとも、原薬製造から製剤まで一貫して行っている医薬品会社も多数ありますし、医薬品の名前も原薬によってつけられるので、医薬品（製剤）工業は目立ちません。しかし、最終化学製品をつくるためには製剤工業は不可欠です。農薬も同様です。

洗剤、化粧品、塗料などは、多くの中間化学品を配合・混合してつくられます。その配合比率と配合方法こそが、期待する性能を発揮する重要なポイントであり、それを製造する会社の技術です。たとえば、洗剤は洗浄機能を発揮する界面活性剤に加えて、その機能を支援するビルダー、漂白剤、酵素、香料、蛍光増白剤（染料の一種）など、さまざまな中間化学品を混合した化学製品です。プラスチックや合成ゴムは、必ず成形加工し、フィルム・シート、ボトル、パイプなどの成形加工製品として使われます。フィルム・シートをさらに成形加工して袋にしたり、トレイにすることもあります。塗料も中間化学品である顔料、高分子、有機薬品（溶剤）を混合してつくります。

基礎化学品の中でも、カセイソーダはパルプ製造に、また排水処理に重要なアルカリとして多くの産業に使われます。中間化学品の中でも化学肥料は農業に、染料は繊維染色加工に使われます。このように、基礎化学品のすべてが中間化学品になるわけではなく、また中間化学品のすべてが最終化学品になるわけではなく、ほかの産業に使われる場合もたくさんあります。しかし、基礎化学品の多くは、中間化学品の製造に使われ、また中間化学品の多くが最終化学品の製造に使われます。このため、化学産業全体を川の流れにたとえて、基礎化学品工業を**上流**とか**川上**、中間化学品工業を**川中**、最終化学品工業を**川下**とよんでいます。

石油化学工業は、石油や天然ガスを原料に、石油化学基礎製品から中間化学品をつくる化学工業です。化学産業の川上から川中を担う産業といえましょう。石油化学基礎製品から直接に、あるいはいったん有機薬品をつくってそれから、多くの種類のプラスチックや合成ゴムを大量につくります。このため石油化学基礎製品工業を石油化学の上流とか川上、有機薬品工業を石油化学の川中、プラスチック、合成ゴムを石油化学の下流とか川下とよぶことがあります。化学産業全体の言葉使いと少し異なるので留意ください。

有機薬品の多くは、石油化学工業の川下であるプラスチック、合成ゴムの原料になりますが、それとともに医薬品工業、農薬工業、染料工業、塗料工業、洗剤工業など、化学産業の川中、川下でも大量に使われます。

化学産業内の特殊用語

ポリマーとモノマー　学校で習った理科の復習となりますが、水が水素と酸素からなり、その分子式がH_2Oであることは、多くの方がご存知と思います。水素の原子量が1、酸素の原子量が16なので、水の分子量は18（1×2＋16）となります。医薬品や農薬の中には、非常に複雑な分子構造のものがあります。ところがその多くは分子量を計算すると一〇〇〇以下です。それ以上では、飲み薬や皮膚や粘膜への接触によって体内に吸収されないからです。長い炭素分子鎖をもつさまざまな油脂も分子量は数百オーダーです。

その一方で、天然にはセルロース、デンプン、タンパク質、天然ゴムなど分子量が数千、数万、場合によっては数百万にもなる化合物があります。こういう物質を高分子（ポリマー）とよびます。デンプンやタンパク質は、酵素や酸などを使って水と反応させると、ブドウ糖や各種のアミノ酸に分解します。身体の中で食物を消化する反応と同じです。ブドウ糖やアミノ酸は、分子量が二〇〇以下の中間化学品で、それほど複雑な分子構造ではありません。このように高分子（ポリマー）は、比較的簡単な化合物（モノマー）が化学反応を繰返して結合してでき上がっています。高分子をつくる反応を重合反応といいます。天然の高分子と同様に、人工の高分子が多数つくられており、合成高分子とよばれます。プラスチックや合成ゴムのことです。高分子の性能を生かして、プラスチック成形加工品や合成繊維、ゴム成形加工品がつくられます。また接着剤、塗料も、高分子の性能を生かした化学製品です。

エンプラと汎用エンプラ　プラスチックにはたくさんの種類がありますが、大きく二つに分けられます。熱をかけると軟らかくなり、ついに融けてしまう熱可塑性プラスチックと、熱をかけても融けず、最後には焼けこげてしまう熱硬化性プラスチックです。種類も使用量も熱可塑性プラスチックが圧倒的に多く、その中でもポリエチレン、ポリプロピレン、ポリスチレン、塩化ビニル樹脂は大量に使われるので汎用プラスチックとよばれています。汎用プラスチックは、生産コストが安く、熱可塑性なので成型加工もしやすい長所がありますが、耐熱温度が一〇〇℃前後で、機械的強度もそれほど高くないのが欠点です。この欠点を少しでも克服し、しかもプラスチックが本来もっている成型加工のしやすさと軽量をいかして、金属材料の用途に入り込むことを狙って開発された熱可塑性プラスチックが、エンジニアリングプラスチック（略してエンプラ）です。エンプラは、自動車や事務機械などの機械部品によくつかわれます。エンプラの中でもポリアミド樹脂（ナイロン）、強化ポリエチレンテレフタレート（強化PET）、ポリブチレンテレフタレート、変性ポリフェニレンエーテル、ポリアセタールは大量に使われるので汎用エンプラとよばれます。一方、耐熱性と強度をさらに追求して二〇〇℃

前後の温度でも使うことができるプラスチックも生まれました。スーパーエンジニアリングプラスチック（略称スーパーエンプラ）です。

マスケミカルとファインケミカル　化学製品には、石油化学基礎製品や硫酸、化学肥料のように、製品の種類が少なくて、個々の製品の生産・消費量が非常に大きな製品と、医薬品、農薬、染料のように製品の種類が非常に多くて、個々の製品の生産・消費量（金額ではない）が小さな製品があります。前者はマスケミカル製品、後者はファインケミカル製品とおおくくりにしてよばれてきました。しかし、この用語は、おもに化学物質に着目した区分なので、基礎化学品や中間化学品に対して使われ、塗料や接着剤、高分子成形加工品のような最終化学品にはあまり使われません。なお、バルクケミカルという用語は、マスケミカルとほぼ同じ意味で使われています。

コモディティケミカルとスペシャリティケミカル　化学製品には、市場への参入が比較的容易で市場参入者が多いために非常に市況性が強く値動きの激しい商品と、製品性能、製造技術やブランド、販売方法、特許制度などによって市場の差別化が行われて値動きの少ない商品があります。前者をコモディティケミカル製品、後者をスペシャリティケミカル製品とよぶことがあります。

概して、マスケミカル製品は、化学物質の純度など、最小限の規格のみが決められて取引を行うことができるので、製品の差別化が難しく、製品ごとの市場規模が大きくなるため、コモディティケミカル製品になりやすい傾向があります。しかしその逆に、ファインケミカル製品がすべてスペシャリティケミカル製品になるかというと、必ずしもそうではありません。たとえばファインケミカル製品の代表ともいえる医薬品は、特許期間中は特許制度に守られて他社が勝手に製造販売することができず、典型的なスペシャリティケミカル製品といえます。ところが特許期間が終了すると、安全性が確認されれば同一主成分の製剤製品を製造販売することが可能になり、値動きが激しくなります。これがジェネリック医薬品です。最近は医療費抑制の観点から国も使用を奨励しています。このように特許期間が切れた医薬品は、コモディティケミカル製品になりやすいといえましょう。化粧品は、製品性能のみならず、ブランド、販売ルートなどで細かく差別化されているので、スペシャリティケミカル製品といえましょう。最終化学製品にもコモディティケミカル製品はありますが、概してスペシャリティケミカル製品が多いといえましょう。

機能化、機能化学　歴史的にみると、製品が世界で初めて誕生したころは、ほかに競争できる生産者がいませんので、多くの化学製品がスペシャリティケミカル製品でした。しかし、他社でも生産できるようになるとコモディティケミカル製品になっていくことが繰返されてきました。たとえばナイロン繊維は、一九三〇年代末に米国デュポンで初めて売出されたときは、まさにスペシャリティケミカル製品でした。しかし一九六〇年代には生産会社数が増加し、一九七〇年代には完全にコモディティケミカル製品になりました。

一方、一九八〇年代には、差別化が難しかったコモディティケミカル製品分野でも、今まではつくれなかった高純度製品をつくるとか、特別な性能・機能をもたせた製品をつくるなどによって、積極的に差別化を図ろうとする活動が盛んになりました。このような活動を機能化とか、スペシャリティ化といいます。この活動は、スペシャリティケミカル製品分野にも伝わり、スペシャリティケミカル製品がコモディティケミカル化していくことを防いだり、製品のグレードアップなどによって意図的に次のスペシャリティケミカル製品を生み出そうとしたりする動きに広がり、先進国化学産業全体の今後の期待される方向となりました。

機能化の技術としては、化学反応だけでなく、化学産業の川下で多く使われてきた混合、配合、成形加工も積極的に使われます。たとえば、プラスチックフィルムは生産性の高い代表的なコモディティケミカル製品ですが、このフィルムにいろいろな機能をもたせようとする研究が盛んに行われてきました。たとえば、フィルムの最大用途である包装材料向けにおいても、ガス、とりわけ酸素を通さない機能を積極的にもたせることは早くから実現しました。小さな酸素吸収剤の入った食品包装が普及したのも、酸素バリア性フィルムが普及したおかげです。二〇〇〇年代に多くの日本の化学会社は、液晶ディスプレイに使われる多種類の機能フィルムの研究開発に成功しました。これなども機能化の成功の一例といえます。このように機能化した化学製品を意図的につくろうという化学事業分野を広く機能化学とよぶようになりました。

II 世界の主要化学企業

1　3M（スリーエム）ユニークな製品を生み出し続ける

経営学者が注目する化学会社

米国の3Mは世界の化学会社売上高ランキング（二〇一二年）では二三位で、日本の化学会社と比べると、三菱ケミカルホールディングスやブリヂストンに次ぐ規模ですが、世界の中ではそれほど巨大な化学会社ではありません。また、化学や工業化学の教科書に載るような著名な新物質、革新的な触媒や反応を発明した会社でもありません。ところが経営学や技術経営MOT（management of technology）の教科書を開くと、しばしばその名前を見かける不思議な会社です。そして、今後多くの日本の化学会社がモデルとすべき会社の一つと考えられます。

出発はサンドペーパー

みなさんにとって3Mは、ポスト・イットノートやスコッチテープなどの文房具でなじみ深い会社だと思いますが、事業の中心は別にあります。まず、3Mの概要をつかむことにしましょう。

3Mは一九〇二年に米国ミネソタ州スペリオル湖畔で発見されたコランダム（鋼玉）を採掘する会社として設立されました。コランダムは、砥石に使われる硬い鉱物です。しかし期待に反して鉱物の品質が悪く、会社は採掘事業を離れ、サンドペーパー事業に生き残る道を求めました。一九一四年に酸化アルミニウムを使ったサンドペーパーが初めてのヒット商品となり、第一次世界大戦による米国国内の好況もあって、ようやく独り立ちできる会社になりました。二〇〇二年まで会社の正式名称であったミネソタ・マイニング・アンド・マニュファクチャリング（Minnesota Mining & Manufacturing, この頭文字から3Ｍ）は、創業初期の経緯をよく表しています。

一九二一年には世界最初の耐水性サンドペーパーを発明して大成功し、これが、のちの3Ｍの経営戦略「イノベーション（変革）を追求する」の原点になりました。このサンドペーパーが自動車のさび落としや塗装落としに使われたことから、塗装したくない部分を一時的に保護するテープの潜在需要をつかみ、マスキングテープ（一九二五年）の開発につながりました。さらにこの粘着テープの技術から包装用、事務・家庭用に使われるセロハンテープ（一九三〇年）、接着剤（一九三二年）、電気絶縁用に不可欠なビニールテープ（一九四五年）、サージカルテープ（一九六〇年）へ、さらに貼ってはがせるメモ用紙であるポスト・イットノート（一九八〇年）の開発へとつぎつぎにつながっていきます。

一方、サンドペーパーの砥粒の研究（材質のみならず形状も含めて）から、交通安全に欠かせない反射シート（一九三八年）、磁気記録製品であるオーディオテープ（一九四七年）やビデオテープ（一九五四年）、フレネルレンズを応用したオーバーヘッドプロジェクター（一九五〇年代）、液晶の輝度上昇フィルム（一九九二年、一九九七年）など多彩なプラスチック成形加工製品へとつながっていきました。

さらにサンドペーパーという製品自体の延長には、ビルの床磨きで見かける不織布研磨材（一九五八年）、台所で毎日使われる家庭用ナイロンたわし（一九五九年）が生まれています。また、研磨作業時のダスト吸引防止用に不織布防じんマスク（一九六七年）が生まれました。

このように3Mのイノベーションは、その時代その時代の顧客の課題から潜在需要をつかみ、それを具体的な製品にしていく過程で新しい技術を取込み、つぎにそれを新しい拠点にしてさらに別の潜在需要にも対応していくという連鎖がみられます。3Mは、創業以来一〇〇年強の間に五万種類ものオリジナル製品を開発したといいます。そして3Mは、「diversified technology company」と自らをよんでいます。一口では言い表せませんが、多角的で多様な技術をもち、つねに変化し続

表3　3M の事業構成（2012 年）（決算報告書より作成）

事業セグメント	主要製品	売上高割合（%）†	営業利益割合（%）†
産業・交通	テープ・接着剤，研磨剤，自動車補修品	34.6	34.8
ヘルスケア	マスク，医療用製品，テーピング製品	17.3	25.4
ディスプレイ・グラフィックス	ディスプレイフィルム，ウィンドウフィルム	11.9	10.7
ホーム・オフィス	ポスト・イットノート，粘着テープ，防水・撥水剤	14.4	14.3
安全・セキュリティ・防護	消化薬剤，安全衛生製品，反射シート	12.7	13.1
電気・電子・通信	液晶用フィルム，電気・電子部品	10.8	10.7

† 割合は，事業部間売上調整などがあるので，合計が 100 % を超える．

ける会社というような意味です。

３Ｍの決算報告では、六つの事業セグメントが示されています（表３）。スコッチテープ、スコッチガード、ポスト・イットノートなど、有名なブランドをもつ消費財製品もありますが、それ以上にさまざまな産業向けの機能化学品が需要の中心であることが、この会社の大きな特徴といえましょう。

まず顧客ありき

大学で最先端の化学研究を行っている人の目からは、３Ｍの数々の新製品は、泥臭くて、ちょっとしたアイデア商品にすぎないとみえるかもしれません。多くの日本の化学会社も、長らく３Ｍをそのように思ってきました。化学会社に限らず、多くの日本の会社は、急速に追い上げてきたアジア企業に対抗するためには、アイデアではなく技術を極め、すぐには真似できない商品をつくることこそが重要だとの信念をもっています。しかし３Ｍは、「まず技術ありき」ではだめだと主張し、「顧客のビジネスの成功」を導くことこそが重要だと言い切ります。顧客の要望に一〇〇パーセント合致した技術が完成しなくても、要望をできるだけ早く実現することによって、顧客が早くビジネスに着手できるように協力することが重要だということです。技術の完成を求めすぎて時間遅れとなり、顧客のビジネスチャンスを逃してはなんにもなりません。

「顧客の声（voice of customer）」を直接つかんで３Ｍ社内にフィードバックさせる「マックナイト商法」（顧客満足の追求、マックナイトは３Ｍ中興の祖）、モーゼの十戒に続く十一番目の戒律「汝、アイデアを殺すなかれ」（アイデア尊重）、自分に与えられたテーマとは別に、労働時間の一五パーセントは3Mのビジネスにいずれ役立つことに取組める「一五パーセントルール」(個人の自由の保証と創造性の追求)、常に水平線の先に現れる新しい事業や技術の可能性を見据える「グッドイナフとは決して言わない」(現状に満足しない)などの伝統ある言葉の数々が、3Mの強力な企業文化を形づくっています。

多彩な製品を生み出す仕組み

米国経営学が戦後日本の会社に継続的に導入され、日本の化学会社の経営方法も大きく変わってきました。企業ビジョンを掲げ、経営理念を明確にし、経営目標を示し、その目標に合わせた組織をつくって活動し、その結果を四半期ごとに公表していく経営手法は、今では当たり前になりました。

3Mはそのような経営手法の面でも常にイノベーションを続けています。日本にもありますが、3Mの営業所にあるカスタマーテクニカルセンター(CTC)は、一見するとほかの会社にも普通にある製品展示室に思えるかも知れません。しかし、ここは3Mの技術のさまざまな応用例を示すことによって、顧客の抱える課題を協働して解決する「場」を意図的につくり出している組織です。また、3Mの新製品導入プロセスは、現在多くの日本の会社が取入れている新製品開発システムとしてのステージゲートシステム(新製品の開発を漫然と行うのでなく、「アイデア創出」「製品コンセプトの確立」「量産技術の検討」などいくつかのステージに分けて行い、ステージを通過してつぎのステージに上がるには、決められた事柄の検討がしっかり完了したかを、ゲートとして経営者や社内専門委員会のチェックを受けるシステム)の一種と考えられますが、ここでも「顧客の声」を聞くという点が非常に重視されています。

3Mにはこのほかにも多くのユニークな経営手法があります。その中で特に重要と思われる二つを紹介し、経営組織という切り口から考えてみます。

すでに紹介した3Mの六つの事業セグメント（表3）は、現在多くの会社が行っている事業部制組織と思われるかもしれません。しかし3Mの事業管理単位は、非常に細かく四〇のビジネスユニットに分かれています。ビジネスユニットにも、二八の部、七つの課、五つのプロジェクトや会社など、大きさが異なっているものが並列しています。これは事業管理単位数としては、とびぬけて多数です。ビジネスユニットは、「顧客の声」を聞くチャンネルであり、また製品販売流通のチャンネルであると説明されていますので、事業部制組織というよりも、職能別組織の販売部に近いようにも思えます。

一方、「多角的で多様な技術」を支えるものとして、3Mはテクノロジープラットフォーム（技術基盤）の重要性を強調します。現在では、図4に示すように四五の

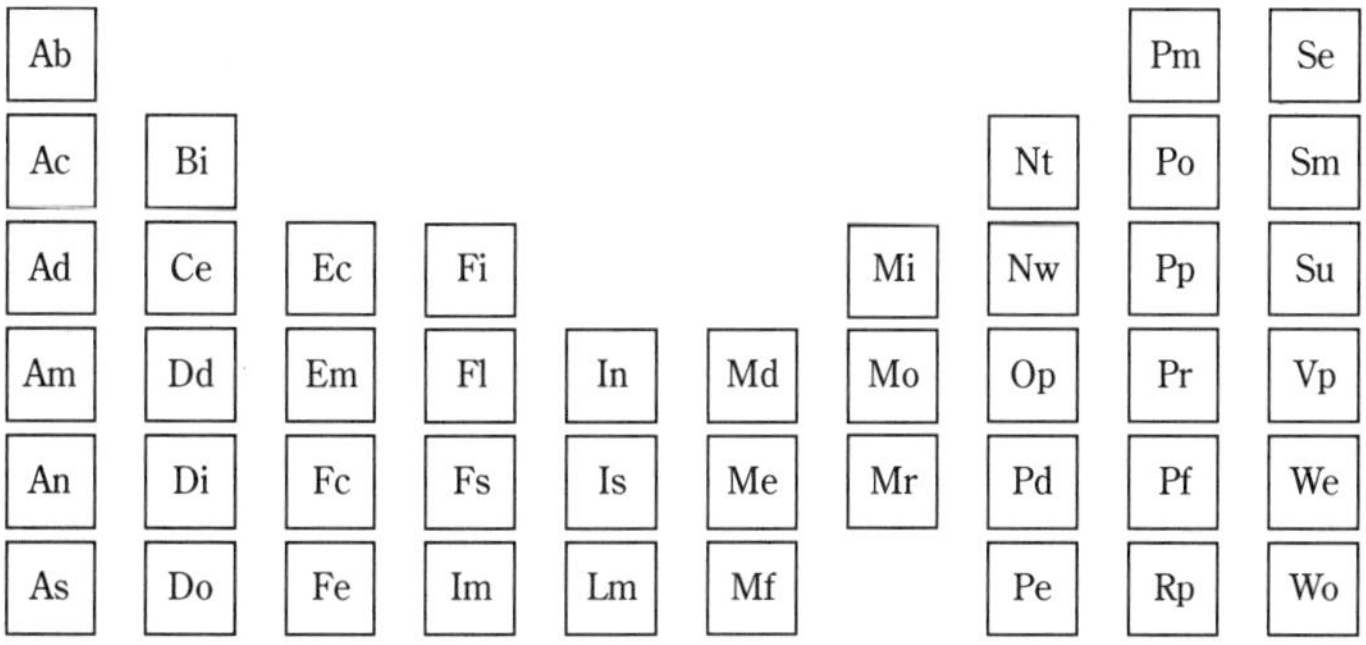

たとえばAbは研磨材技術(abrasives), Mrは高精細表面技術(microreplication)の略.
住友スリーエムのホームページには日本語で技術内容を表示してある.

図4　3Mのテクノロジープラットフォーム（3Mのホームページより作成）

テクノロジープラットフォームがあります。まるで元素周期表みたいです。たとえば炭素原子からはダイヤモンドや黒鉛、不定形炭素などの昔から知られた炭素製品がつくられるのみならず、炭素繊維、フラーレン、カーボンナノチューブ、グラフェンと新しい炭素製品がつぎつぎと生まれています。それと同じように、一つ一つの技術基盤は多彩な新製品を生み出す力をもっています。そればかりでなく、いくつかの元素が組合わさって新しい化合物が生まれるように、いくつかの技術基盤を積極的に組合わせて、新製品をつぎつぎと生み出します。

3Mの経営組織は、ビジネスユニットとテクノロジープラットフォームを縦糸、横糸としたマトリックス組織のようにも思えます。

表4　3Mの新製品開発基準（3Mカタログ「研究開発と技術経営」より作成）

1. 過去4年間に市場導入した新製品の売上を総売上の30％以上にする.
2. 過去1年間に市場導入した新製品の売上を総売上の10％以上にする.
3. 競争の基盤を変えるような新製品を開発する.

「選択と集中」よりも「多様性」独自路線を貫く

この二〇年間、日本も含めて世界の化学会社は、グローバル化の進展に対して自分の得意な事業分野を見極めて会社の資源を集中投入する一方、不得意な事業分野を思いきって切り捨てる「事業の選択と集中」を進めてきました。その過程で伝統ある事業分野を切り離して、まったく別の事業会社に変わったり、M&Aによって伝統ある会社を消滅させたりすることがしばしば起こりました。3Mが得意としている事業の一つである接着剤・塗料分野も、世界全体でみると長らく群小乱立でしたが、

M&Aなどによってアクゾノーベル（オランダ）とPPGインダストリーズ（米国）の二社が大きなシェアをもつように変わってきました。

しかし3Mはこのような流れとはまったく別の位置にいます。企業文化を伝統としてますます強めながら、ビジネスユニットとテクノロジープラットフォームのマトリックスを維持してきました。流行に乗った事業の絞り込みはしていません。そして、新製品開発基準（表4）という別の切り口によって、多数の事業、多数の製品の新陳代謝を強力に進め、経営効率の向上を図っています。このような点が、経営学者に注目されるゆえんと考えられます。

2　デュポン　現代の企業経営学の祖

デュポン神話

今でも、デュポンというと、米国はもちろん世界でもナンバーワンの化学会社というイメージを多くの人がもっていると思います。しかし現在、世界の化学会社売上高ランキング（二〇一二年）ではデュポンは一九位で、日本の三菱ケミカルホールディングスや台湾のＦＰＧに追い抜かれています。今なお残るナンバーワンのイメージは、かつてのデュポンの革新力がいかに強烈な印象を世界に与えたかを示しているのでしょう。実際、デュポンは化学会社としてだけでなく、米国を代表する巨大企業として、世界の中で最も注目される化学会社でした。デュポンをナンバーワンに押し上げたのは、ナイロンやテフロンといった画期的な新製品をつぎつぎと生み出す研究開発力の高さはもちろん、経営手法の斬新さにありました。現在の企業経営の手法には、デュポンが最初に始めたものがいくつもあるのです。

栄光の一五〇年

デュポン社の正式名称は、E. I. du Pont de Nemours & Company です。創業者の父ピエール・サミュエル・デュポン・ドゥ・ヌムールは、フランス時計職人の子から叩き上げで政治家・貴族になりましたが、一八世紀末フランス革命後の混乱を逃れて、一八〇〇年に一族を引き連れて独立後間もない米国に移住しました。ドゥ・ヌムールは、ヌムール地方の貴族という称号です。ピエールは、米国で理想郷をつくろうと多くの事業を起こしましたが、いずれも失敗しました。しかしピエールの思想は、その後のデュポン社にも、それを支えたデュポン一族にも大きな影響を与えました。

ピエールの次男であるエルテール・イレネー（E・I）・デュポンは、ラボアジェの下でフランス国立火薬工場に勤務したこともあって、当時の米国の火薬製造技術の低さを見抜きました。一八〇二年にデュポン社を設立し、デラウェア州ウィルミントン近郊ブランディワイン川のほとりで黒色火薬事業を始めました。この地は、デュポン神話の舞台であり米国内はもちろん、世界各国に工場・研究所を多数もつようになった今でも、デュポン社にとって特別な場所です。

製品品質のよさからデュポンは、一八一〇年代前半に早くも米国最大の火薬会社になり、その後もたゆみない製造技術の改良や硝酸カリウム（英国領であったインドで産出）から硝酸ナトリウム（チリで産出）への原料転換技術の開発など、着実な経営を進めました。一八六〇年代にノーベルが開発したダイナマイト（ニトログリセリン主体）や一八八〇年代に開発された無煙火薬（ニトロセルロース主体）など、伝統ある黒色火薬の地位を脅かす新製品がつぎつぎに開発されました。デュポン社は、新製品への進出には非常に慎重でしたが、二〇世紀初めには、これら新事業も傘下に収め、米国の火薬事業の三分の二を支配する火薬王になりました。

この時代の米国は、まさに弱肉強食の時代で、火薬に限らず、鉄鋼、石油、鉄道など多くの産業で弱小企業が吸収合併されて強大な企業への集中が急速に進み、巨大企業が誕生したので、反独占の機運が高まり、シャーマン反トラスト法（日本で第二次世界大戦後に制定された独占禁止法のモデル）がつくられました。スタンダード・オイルの三〇社以上への大分割（一九一一年）が有名ですが、火薬事業の独占に対しても、一九〇六年に反トラスト法違反裁判が起こされ、一九一二年にデュポンは三分割されました。しかし、すぐに第一次世界大戦が始まり、米国政府はもちろん、欧州各国から火薬受注が急増したので、売上高も利益も急増し、デュポンにとって三社分割の痛手は大きなものにはなりませんでした。

火薬事業からの脱皮

デュポンは、二〇世紀早々から火薬事業からの多角化戦略として、無煙火薬の技術を生かせるセルロース化学製品（セルロイド、人造皮革、人造絹糸、ラッカー塗料など）への展開を検討してきました。第一次世界大戦中には、早くも大戦後の火薬過剰設備の大量発生に備えて多角化戦略を開始しています。具体的には、多くのセルロース化学製品会社の買収、染料やアンモニアなどドイツ化学会社に支配されてきた分野への進出（欧州会社からの技術導入）、さらに一九〇三年に設置した開発本部と研究所の強化でした。大戦後の不況期を乗り越えた一九二〇年代には、それまでの欧州中心の時代に代わって米国の時代が到来しました。

デュポンは、米国急成長の波に乗って火薬会社からセルロース製品を中心とした化学会社に急速に変化し、成長していきました。これには、一九一八年に行った自動車会社ゼネラルモーターズ

(GM)の株式取得(約三割)により、自動車向け化学品需要(塗料、アンチノック剤など)やGMで発明された化学品(フッ素系冷媒クロロフルオロカーボン、アンチノック剤原料の四エチル鉛)の工業化を任されたことも貢献しました。

一九三〇年代には、米国内外からの技術導入時代を終え、自社技術開発による新製品を続々と生む時代になりました。デュポン黄金時代の到来です。米国の中でナンバーワンの化学会社であることはもちろん、ドイツのIG染料工業、英国のICIを超える、世界ナンバーワンの化学会社に躍進しました。

第二次世界大戦でも、デュポンは、火薬会社としてばかりでなく、パラシュートに使われたナイロンをはじめ、多くの軍需用資材の供給会社として、さらに原子爆弾製造を進めたマンハッタン計画遂行のために不可欠な科学技術・製造技術をもつ会社として、いやおうなしに巻き込まれていきました。しかし第一次世界大戦後の「火薬王=死の商人」批判などの教訓を生かして、米国政府の要請にも慎重な対応をしていきました。

黄金時代は、第二次世界大戦後の一九五〇年代をピークとして、一九六〇年代まで続きました。

合成繊維の開発をリード

一九三〇年代から一九六〇年代にデュポンが生み出した有名な製品を表5に示します。商標でなく一般名になったネオプレン、ナイロンはもちろん、デュポンが商標登録したダクロン、オーロン、ライクラ、テフロン、ケブラー、カプトン、ノーメックスなども一般名のように使われます。米国の有機化学・高分子化学の教科書には、ポリエステル繊維というよりも、ずばりダクロンという名が出てくることがあるので驚きます。

デュポンが高分子化学の技術革新をリードし、特に合成繊維の開発に抜群に強かったことはよく知られています。しかし、その裏に、高分子原料のモノマーを合成する技術開発力もあったこと、さらに原料まで含めた先見の明があったことも見落としてはなりません。

たとえば、カロザースが発明した6・6-ナイロンが工業化され、デュポン神話

表5 デュポンが最初に開発したり，工業化した有名な製品

年	製品	商標
1921	速乾性ニトロセルロース塗料	デューコ
1929	防湿性セロファン	
1930	冷蔵庫用冷媒クロロフルオロカーボン	フレオン
1931	クロロプレンゴム	ネオプレン†1
1938	合わせガラス用 PVB 中間膜	ブタサイト
1939	ポリアミド合成繊維	ナイロン†1
1943	フッ素樹脂	テフロン
1948	アクリル合成繊維	オーロン
1953	ポリエステル合成繊維	ダクロン†2
1950 年代	ポリエステルフィルム	マイラー
1956	ポリアセタール樹脂	デルリン
1959	ポリウレタン合成繊維	ライクラ
1959	パラ系芳香族ポリアミド繊維	ケブラー
1964	ポリウレタン合成皮革	コーファム
1964	ポリイミドフィルム	カプトン
1965	メタ系芳香族ポリアミド繊維	ノーメックス
1982	スルホニル尿素系除草剤	グリーン

†1 商標にせず，一般名称となったもの.

†2 ポリエチレンテレフタレートによるポリエステル合成繊維は英国のキャリコ・プリンタースが 1941 年に発明したが，工業化研究に参画した ICI から情報を得て，デュポンは 1946 年にキャリコ・プリンタース，ICI から特許実施権を獲得し，工業化研究を進め，ICI よりも 2 年早く工業化に成功した.

の中核となる大成功を収めますが、新しい高分子のモノマーが、すでに大量生産されているケースはまれでした。新しい高分子の工業化には、原料モノマーの工業化から始めなくてはならなかったのです。6・6-ナイロン原料となるアジピン酸とヘキサメチレンジアミンの合成研究は、触媒技術をもつアンモニア工場内の研究部門が担いました。デュポンの有機合成化学技術は、それを可能とするまでに高まっていました。ポリエステルの主原料テレフタル酸も同様に自社で製造技術を開発し、工業化しました。

当初カロザースは5・10-ナイロンをもって研究完成と考えました。しかし、その原料がヒマシ油であることから研究所長ボールトンは将来のコストを考えて却下し、再度カロザースに研究を進めさせ、ベンゼンを出発原料にできる6・6-ナイロンに落ちついた経緯がありました。

経営革新

このように急速に多角化する事業の中から生まれ、それを推進する力となったのが数々の経営革新でした。表6に示すように、現代経営学の中核部分は、デュポンの経営革新から生まれたともいえます。

デュポンは、創業以来直系社長によるワンマン経営を行ってきました。しかしちょうど創業一〇〇年目で第四代社長のユージン・デュポンが肺炎で急死し、直系にいる社長候補者の多くも病弱のために後継者が決まらない事態に陥りました。このため株主であるデュポン一族は、競合会社にデュポン社を売却しようと考えました。その際に、デュポン一族の傍系にいた三名のいとこがデュポン社を買い取るとともに、経営方法も従来のワンマン社長体制から経営委員会・財務委員会などの委員会を意思決定機関とする経営体制に切り替えました。これが「資本家資本主義」から、所有と経営を分離した「経営者資本主義」への最初の転換例となりました。つづいて、全社的管理会計システムや投資利益率による投資管理など、「財務主導型企業」とのちによばれるようになる基盤がこの時代につくられました。

その後もデュポンの社長には、長らくデュポン一族出身が続きました。しかしデュポン一族であっても、社内の昇進競争で実力を認められなければ社長になることはできなくなりました。さらに一九六七年のマッコイ社長以後は、デュポン一族からの出身者もいなくなり、一九七七年にはデュポン一族の投資信託会社をデュポン社が合併することによって、デュポン社に対するデュポン一族の支配も完全になくなりました。

表6　デュポンが始めた有名な経営革新

●所有と経営の分離（1902年）
●全社的管理会計システム（1900年代）
●投資利益率による投資管理（1900年代）
●事業部制（1921年）
●中央研究所（基礎研究所）（1903年，1921年）
●マーケティング手法（1920年代）

第一次世界大戦後、デュポンが急速に事業の多角化を進めていくと、火薬会社時代に完成した職能別組織（購買部、製造部、販売部、財務部のように職能ごとに部門がつくられる組織）では、販売方法も、製造技術もまったく異なる、さまざまな製品の管理ができなくなり、業績不振に陥りました。これに対して、デュポン社内でさまざまな議論が行われた末に生まれたのが事業部制組織です。事業部制は、デュポンの製品群を火薬、セルロース化学製品、染料など五事業部門に分け、購買、製造、

販売、財務などの日常業務を事業部門に分割するとともに、成果責任を事業部長に任せる一方、広告、開発、法務などは中央組織が保有し、会社トップは戦略的決定に専念するという組織です。

事業部制組織が最終的に採用された背景には、デュポン第六代社長からGM社長に転じたピエール・デュポンが登用したGM副社長スローンが提唱した、GM組織再編案の採用がありました。したがって、事業部制はデュポン社だけの知恵ではないかもしれませんが、事業部制の採用によって、デュポンの多角化は軌道に乗りました。

ストッキングの成功──中央研究所とマーケティングの導入

また、大学でなく、企業内に基礎研究を担う中央研究所を設置することは、新しい経営体制に移行した直後の一九〇三年に行われました。しかしデュポンにとって火薬以外の化学分野の技術導入時代はまだ続きました。

一九二一年の事業部制採用によって、応用研究部門が各事業部に割り振られたことから、中央研究所が本格的に基礎研究を担う組織になりました。ちょうど導入技術の吸収を終え、自社技術を開発できる時代にもなっていました。その最初の成果が、一〇年後に生まれた合成ゴムのネオプレンであり、最も華々しい成果がナイロンでした。その後も、表5に示す以外にも多数のヒット商品が基礎研究から生まれました。

一方、ナイロンの大成功については、分子設計された高分子の初めての合成という技術的な面だけでなく、マーケティングという面を見落としてはなりません。この新しい繊維を市場に投入する前に、紡糸技術はもちろん、染色加工、織物・編物製造技術の開発、最終衣料製品までつくったうえでの消費者テストの実施など、十分な検討を踏まえて、まず婦人用絹ストッキングスという市場にターゲットを絞り込みました。そして、広告宣伝をそこに集中させることによって、一人一足という割当をしても、五〇〇〇万足の在庫が発売日一日で売り切れてしまうという伝説的な大成功を収めました。

しかしこのようなマーケティング力は、ナイロンで始まったわけではありません。火薬事業からセルロース化学製品などに多角化する過程で徐々につくられ、事業部制組織に移行した一九二〇年代に本格化しました。フランスの会社との合弁事業で始めたセロファンの販売拡大過程では、ユーザー（加工業者）のクラス分けとそれぞれに応じた育成策、セールスマンの体系だった教育、広告による最終消費者への訴えかけによる需要拡大など、さまざまなマーケティング手法が開発され、社内に定着していきました。

苦悩と模索の五〇年

しかし、長年のデュポンと英国のＩＣＩとの特許同盟が一九五二年に反トラスト法違反で解体され、一九六二年にはデュポン-ＧＭ関係も反トラスト法違反となってＧＭ株を手放さざるを得なくなるとともに、復活してきたドイツ化学会社や急速に追い上げてきた米国国内化学会社との競争が激しくなりました。一九七〇年代以後は、デュポンにとって苦悩と模索の時代が続き現在に至ります。

デュポン神話の最初のつまづきは、一九六四年に開発したポリウレタン合成皮革コーファムでした。ナイロンは開発期間八年に対して一社独占の製造期間が一四年間もありました。これに対して、オーロンの独占期間は四年、デルリンは二年と競合他社の技術開発力が上がるとともに、デュポンの新製品も高利益率を保つことができる期間は短くなってきました。コーファムは、天然皮革の靴市場を狙った製品で、開発期間が三〇年、ナイロンなどで培ったマーケティング力もフルに投入して自信をもって一九六四年に売り出した製品でした。しかしわずか一年で、クラレ（日本）のクラリーノなど、はるかに良質で安価な人工皮革が生まれ、もろくも一九七一年にはポーランド企業に事業売却をして、全面撤退せざるを得なくなりました。

一九六〇年代以後のデュポンの成長力減退、利益率低下は、不調の合成繊維のウエイトが高すぎたためとか、海外展開が遅れたとか、反トラスト法への抵触を恐れて企業買収を第二次世界大戦後二五年間一度も行わないで、新事業展開をすべて社内から育成しようとしたからとか、投資利益率重視・安定性重視の財務主導型経営が化学産業の環境変化に追いついていけないためなど、さまざまなことが言われました。

これに対して、一九八一年に自社の売上高よりも大きい世界第九位の石油会社コノコを当時の米国M&A史上最高額で買収し、デュポンは米国一五位から七位の売上高の会社に一気に躍進しました。しかしエチレンなど石油化学上流部門の強みのない会社が、石油会社を保有してもシナジー効果は期待できず、さらに第二次石油危機後の長い石油価格低迷期に入ったために、表7に示すようにこの戦略投資は完全に失敗となりました。結局一九九八～一九九九年にデュポンはコノコの株式をすべて売却し、石油事業から撤退しました。

一九七一年黒色火薬、ダイナマイト生産の中止、二〇〇四年ナイロンなど合成繊維生産を含む繊維事業からの撤退、一九八〇〜一九九〇年代ポリエチレンなどの石油化学事業からの撤退、二〇一二年塗料事業売却の一方、バイオテクノロジー事業への注力などによってデュポンは事業構造の転換を図ってきました。しかし一九七〇年代初めから取組んできた医薬品事業については、二〇〇一年にリスクが大きすぎるとして撤退しました。一九七〇〜二〇〇〇年代は、米国医薬品工業が大きく伸びた時代でしたので、デュポンはチャンスを逃しました。伝統的企業文化が強すぎて新しい分野を受け入れられなくなっているように思えます。

一九六七年にデュポン一族でない社長が初めて生まれてから、シャピロ、ヘッカート、ウーラード、ホリデーなど記憶に残る優秀な経営者が最高経営責任者（CEO）に就任し、事業構造改革や組織改革、社内風土の改革に取組んできました。しかし、世界の化学会社の中での地位低下というすう勢を挽回することはできていません。二〇〇二年にデュポンは創業二〇〇年の祝賀行事を行いました。その一環として二〇〇年史を刊行しましたが、そのなかでも一九七〇年代からの三〇年については新たな方向性を探っている時代としています。

表7　戦略投資の生産性が低いおもな米国企業

ワースト順位†	企業名	売上高（1985年）	売上高順位
1	GM	20兆円	2
2	フォード・モーター	12兆5千億円	4
4	IBM	11兆円	6
5	デュポン	8兆6千億円	7
7	AT＆T	7兆9千億円	8
10	クライスラー	4兆7千億円	14

†　ワースト順位は米国ハーバード大学マイケル・ジェンセン名誉教授の論文（1993年）を引用した日本経済新聞2011年6月27日「経済教室」より．売上高，順位は「Fortune500」より作成．1ドル＝239円．

近年急速に成長している農薬などを扱うアグリビジネスは、二〇一〇年には世界のトップスリー（モンサント、シンジェンタ、バイエル）に迫る勢いになってきました。新しい方向が見えてきたのではと注目されます。二〇〇九年にクルマンがデュポン初の女性ＣＥＯに就任しました。新ＣＥＯによる新生デュポンの再出発が期待されます。

3　P&G　人材育成とマーケティングで伸びる

驚異的な成長力

P&Gは、洗剤やシャンプー、紙おむつからペットフードまで、われわれが日々使うもの（消費財）を製造・販売しています。パンパース、アリエール、パンテーンなど、よく耳にする有名なブランドを多数展開しています。多くの人はこれらの製品を手に取る機会が多いことでしょう。P&Gの創業は一八三七年で、デュポンの創業一八〇二年に次ぐ歴史ある米国の会社です。しかも図5に示すように、二〇〇〇年代に入っても飛躍的に成長しており、世界の化学会社売上高ランキング（二〇一二年）では、ドイツのBASFに次いで二位になっています。長年のライバルであった英国・オランダのユニリーバを二〇〇四年に全社売上高で追い抜き、現在ではだいぶ水をあけています。消費財化学分野で日本の優良会社である花王に比べても、売り上げ規模は約五倍です。P&Gは、消費者が手に取りたいと思う製品を社内でつくりあげる仕組みをもっているのです。

せっけん会社からの飛躍

表8にP&Gの歴史をごく大まかに示します。P&Gは、米国オハイオ州シンシナティで、せっけ

ん製造業者のジェームス・ギャンブルとろうそく製造業者のウィリアム・プロクターが、原料が同じなので提携しようということで、共同出資によって設立した小さな会社が始まりです。P&Gの正式名称 Procter & Gamble Company は創業者の名前を並べたものです。今でも本社はシンシナティにあります。シンシナティは、食肉製造の中心地であり、ここで豊富に得られる油脂がP&Gの強みになったと考えられます。一八七九年に消費者の声からつくられた「浮かぶせっけんアイボリー」は、その後のP&Gの発展の引き金になりました。この点はあとで少し詳しく述べます。

現在、洗剤としておもに利用されているのはせっけんではなく合成化学品の界面活性剤です。これは一九世紀にドイツで繊維助剤用に開発されました。第一次世界大戦末期にドイツではせっけん不足に陥ったので、ドイツの化学会社BASFが合成界面活性剤であるアルキルナフタレンスル

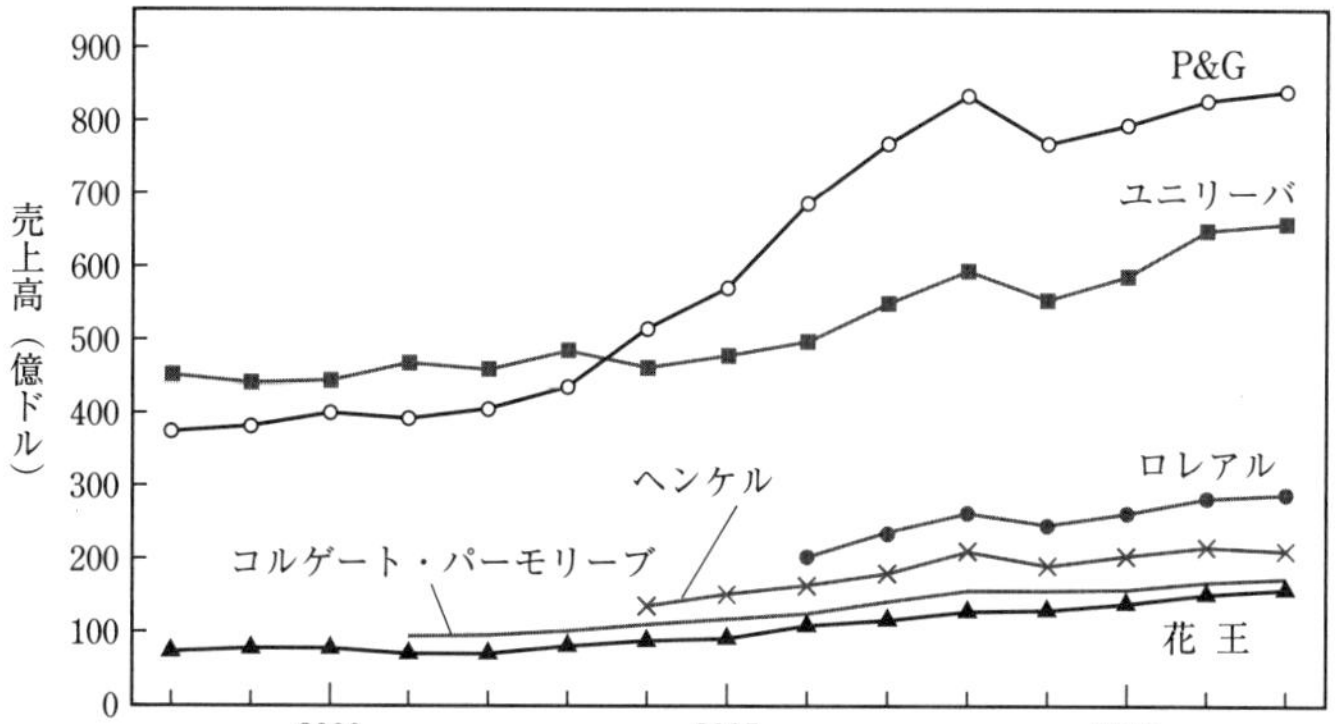

P&Gは6月決算，花王は3月決算，そのほかの会社は12月決算．為替レートは歴年平均値を使っているので，決算期と合わない会社もある．

図5　世界の主要消費財化学会社の売上高推移（各社決算報告書より作成）

ホン酸ナトリウムを、世界で初めて洗剤用に生産しました。このような情報が米国にも伝わり、一九三三年には米国でもアライド・ケミカル社により生産が始まりました。こうして洗剤の中心がせっけんから合成界面活性剤に移っていきます。

その最大の成功例が一九四六年にP&Gが発売した合成洗剤「タイド」でした。しかしこの原料となるアルキルベンゼンスルホン酸ナトリウムは、P&Gの発明ではありません。スタンダード・オイル・オブ・カリフォルニア（現在のシェブロン）の子会社オロナイトが、石油を原料とする合成界面活性剤製造法を開発し、P&Gに供給しました。「タイド」によって、P&Gはせっけん会社から脱皮しました。さらに一九五五年発売のフッ素入り歯磨きでも成功しました。洗剤の泡立ちのために行ったカルシウムイオンの研究が歯の研究につながり、そこから生まれた製品です。一九五七年に進出した使い捨て紙おむつ分野は当初は苦戦しましたが、コストダウンによる市場拡大に成功したあと、一九七〇年代には米国で大きなシェアをもつ主力製品に成長しました。こうして第二次世界大戦後、P&Gはせっけん会社から洗剤トイレタリー会社に変わるとともに、飛躍的に成長しました。

ところが第二次世界大戦後の成長は、一九七〇年代後半に大きな壁に当たります。米国経済の成長率が低下したうえに、競争企業の開発力も上がり、競争が厳しくなったからです。一九七〇年代後半から二〇〇〇年代初頭までは、P&Gがグローバル企業に脱皮するため、変身に苦心した時期です。二〇〇〇年代前半に脱皮に成功したあとは、先に述べたように再び力強い成長力を取戻しています。

表8　P&Gの歴史（おもにP&Gジャパンのホームページより作成）

年	事　項
1837～	米国オハイオ州シンシナティで，小さなせっけん・ろうそくメーカーとして誕生．先見性のある経営で消費者の信頼を得る．米国初の社員持株制度の導入
1879	消費者の声から，「浮かぶせっけんアイボリー」発売
1890～	革新を礎にした企業風土により，アイボリーフレークス（フレーク状せっけん）など革新的製品を生む．ラジオドラマの提供，製品サンプリングなどマーケティング手法でも革新を生む．
1924	マーケットリサーチ部門創設
1931	ブランドマネジメント制度を開始
1933	スポンサーとなったラジオドラマが大ヒット．ソープオペラとよばれる．
1930年代前半	初の家庭用合成洗剤「ドレフト」発売
1939	史上初の野球大リーグTV中継のスポンサーに
1946～	洗濯用合成洗剤「タイド」が大成功して，企業規模が飛躍的に拡大．歯磨き剤「クレスト」，紙おむつ「パンパース」など，事業分野を拡大．メキシコ，欧州，日本などに海外進出
1946	洗濯用洗剤「タイド」発売
1950	TV版ソープオペラ開始
1955	フッ素入り歯磨き「クレスト」発売
1957	紙おむつ製品を開発
1972	P&Gサンホームを設立し，日本に進出
1980～	内部成長型から転機を迎え，M&Aによりヘルスケア事業，化粧品事業に参入するとともに，グローバルブランドを生み出すグローバル展開を行い，米国でも有数の企業になる．
1984	日本事業をP&Gファー・イーストに統合して再展開
1985	大衆薬会社リチャードソン・ヴィックス買収
1986	高吸水性樹脂を使った「ウルトラ・パンパース」発売
1991	化粧品会社マックスファクター買収
2000～	世界180カ国，42億人を顧客とする世界最大の消費財メーカーになる．
2003	ドイツのビューティサロン向け化粧品会社ウエラ買収
2005	ひげそり用品会社ジレット買収
2006	P&Gジャパンを設立し，P&Gファー・イーストの事業譲渡

現在のP&Gの事業構成は、表9のとおりです。第二次世界大戦後の高度成長期に育てたファブリック&ホームケア事業とベビーケア&ファミリーケア事業がほぼ五割を占め、一九八〇年代のM&Aで強化したヘルスケア事業が一五パーセント程度、二〇〇〇年代のM&Aで新たに加わった事業（ビューティー事業、グルーミング事業）が三五パーセント程度を占めます。二〇〇〇年代の成長は、M&Aによるだけではありません。アジアやBRICs（ブラジル、ロシア、インド、

表9　P&Gの事業構成（P&G，P&Gジャパンのホームページより作成）

事業セグメント（製品カテゴリー）	有名なブランド	2012年6月期売上高割合（%）	前年伸率（%）	
			2011年	2012年
ビューティー事業（化粧品やヘアケア，スキンケアなど）	パンテーン ヴィダルサスーン マックスファクター SK−Ⅱ	24	4	2
グルーミング事業（美容家電や男性用かみそり・替え刃など）	ブラウン ジレット	10	5	1
ヘルスケア事業（フェミニンケアや大衆薬，歯磨き粉など）	ヴェポラップ† ウィスパー	15	5	3
ファブリック&ホームケア事業（洗濯用洗剤や台所用洗剤，エアケアなど）	アリエール ボールド ジョイ ファブリーズ	33	4	3
ベビーケア&ファミリーケア事業（紙おむつやトイレットペーパーなど）	パンパース	20	6	6

†　日本では他社に譲渡.

中国）へのグローバル展開によって、古くからの事業も新しい地域で大きく成長しています。ベビーケア＆ファミリーケア事業の成長率が、二〇一一年、二〇一二年とも、全事業部門の中で最も大きいことは注目されます。

外資系化学会社では人気ナンバーワン

Ｐ＆Ｇの日本への進出は一九七二年です。米国化学会社では、ダウ・ケミカルやモンサントが一九五〇年代にプラスチック事業で日本に進出し成功しています。また消費財分野では一九五〇年代にコカ・コーラが、一九七一年にマクドナルドが進出し、ただちに成功しています。それに比べるとＰ＆Ｇの日本進出は遅かったうえに、その後の約十年は失敗の連続でした。大きな赤字がたまってしまいました。

このため一九八四年には関連会社五社を統合してＰ＆Ｇファー・イースト（現在のＰ＆Ｇジャパン）として再出発することになりました。日本での失敗は、アジアでの展開の失敗につながるとの危機意識も高まり、背水の陣となりました。

この対応がようやく功を奏して日本での事業は一九九〇年代に軌道に乗りました。洗濯用洗剤のシェアでは、一九九九年に花王四四パーセント、ライオン三三パーセント、Ｐ＆Ｇ一八パーセントであったのが、二〇〇九年には花王四〇パーセント、Ｐ＆Ｇ三〇パーセント、ライオン二三パーセントに躍進しました。日本経済新聞が二〇一一年春の卒業予定者に行った就職希望先企業のアンケート調査では、Ｐ＆Ｇは化学・医薬・繊維部門の中では第九位になり、外資系化学会社のトップになっています（資生堂一位、花王四位）。日本での失敗と再挑戦を教訓にP＆Gはその後、韓国、さらにBRICsの大市場に展開し、中国市場ではトップシェアを確保して、二〇〇〇年代のP＆Gの成長を支えています。

社員の能力を磨き上げる

P＆Gは、化学史上に残るような新製品や新技術をたくさん開発した会社というよりも、マーケティングに強い会社、人材輩出会社、女性登用などダイバーシティ（多様性）の進んだ会社、そして社内仕事言語が英語のグローバル化した会社として有名です。

P＆GのOBが書いた「P＆G式、P＆G流〇〇」という題名の本がたくさんあることに驚きます。これらの本に共通して感じられるのが、P＆Gの企業文化の強さです。「ボスは誰なのか＝上司ではなく、消費者がボス」「一ページにまとめる、三項目で書く＝論理力、戦略的思考力」「人とブランドさえ残れば、いつでもP＆Gは復活できるだろう＝人材重視」「正しいことをする＝徹底した法令順守」「ボスの声を聞く＝消費者調査重視」などの言葉は、P＆Gの企業文化を示しています。

半面、このような強い企業文化、画一性に対する批判もあります。私が最初に出会ったP＆Gを描いた本「Soap Opera」がそのような本でした。数社の若手社員による輪読会で読みましたが、かなりショックを覚えました。しかしその後、さまざまなP＆G関連の資料をみていくと、今では、この本は先に述べた一九八〇年代のP＆Gの停滞・模索期という時代背景が強く影を落としているように思えます。

社内研修制度が充実しているばかりでなく、業績評価においては、達成した仕事の成果とともに、自分や部下のオンザジョブトレーニング（ＯＪＴ）による能力向上の達成度も同等に考慮されるというほどに、人材育成が重視されています。さらにライン（指揮命令系統）の上司でない上級者が定期的に相談に乗り、アドバイスを与えるメンター制度もあります。これが若手ばかりでなく、事業部長などトップクラスにまで徹底されているというのですから驚きます。また社内研修制度は、ある部門が得たノウハウを社内で共有したり、仕事の進め方を標準化したりすることにも役立っています。

日本の会社ではリクルートが人材輩出会社として有名ですが、日本の化学会社にはＯＢが他社の経営者となることを要請されるとか、新しい会社を立ち上げるなどの例はごくまれです。それに対してＰ＆Ｇは、米国はもちろんＰ＆Ｇジャパンでもそのような例がたくさんみられます。たとえば大阪外語大学卒業後一九七七年にＰ＆Ｇサンホームに入社した和田浩子氏は、一九九八年にＰ＆Ｇバイスプレジデント、コーポレートニューベンチャーアジア担当になり、二〇〇〇年に退職後はダイソン日本支社代表取締役、日本トイザらス代表取締役を歴任しています。

マーケティングとブランディングの先駆け

このようにＰ＆Ｇの強みはいくつもありますが、社外から最大の強みと考えられているマーケティング力について、最後に述べたいと思います。Ｐ＆Ｇは、すでに紹介した３Ｍ以上に米国のビジネススクールの教科書によく取上げられる会社です。特にマーケティングについては、Ｐ＆Ｇが教科書の内容をつくり上げてきたといえるほどの先駆者です。

一八七九年に生まれた「浮かぶせっけんアイボリー」は、たまたまかくはん時間が長すぎて空気を含みすぎたために生まれた製品です。本来ならば不良品というクレームを受けるところでしたが、消費者からの意外な好感の声に反応して製品規格を変え、浮かぶことをアピールすることにしました。

一九二四年にはマーケットリサーチ部門を設立し、消費者を直接の対象とした調査・テストを始めました。卸売、小売という古くからの流通ルートに頼る時代に、消費者を直接に捉えようとしたのです。二〇〇〇年代のヒット商品ファブリーズは、シクロデキストリンがにおい分子を包接する機能を活用した商品です。洗いたくても簡単に洗えないもの（じゅうたん、カーテン、ソファーなど）が家庭内にはたくさんある、そのにおいが気になるというニーズを発掘して、エアケアという新しいコンセプトでこの商品をつくり上げました。

P&Gはマーケティングからさらにブランディングに歩を進めています。表9の有名なブランドの項目にはなじみのある名前が並んでいるのではないでしょうか。現在、P&Gは、売上高一〇億ドルを超えるグローバルなブランドを二十以上ももっているといいます。一九三一年に生まれたブランドマネジメント制度が、このような強力なブランド力を生み出しました。ブランドというと消費財だけのことと思うかも知れませんが、コンピューターの中央演算処理装置（CPU）のインテルに代表されるように、中間投入財にも大きな威力を発揮することができるので、多くの化学製品に適用できます。技術と同様にブランドは静態的なものではなく、競争環境において常に育てていかなければ急速に力を失ってしまいます。このため強力なブランドをつくる活動をブランドビルディングとか、ブランディングとよびます。

ブランドごとにブランディングを担当するブランドマネージャーが任命されます。ブランドマネージャーは、ブランド発展のために会社のもつ力を集中することが求められます。ブランドマネージャーが車輪の中心（ハブ）であり、製品開発、研究開発、デザイン、市場調査、営業、CM製作、製造などの実働部門は車輪のスポークと位置づけられます。第二次世界大戦後から現在まで、P&GのCEOの大部分をブランドマネージャー経験者が占めるほどの花形ポストです。しかしこれら実働部門はブランドマネージャーに対して組織上のラインの関係にあるわけではなく、独自の指揮系統をもっています。したがってブランドマネージャーとして成功するかどうかは、関係する他部門から担当ブランドに対して、どれだけ関心をもってもらい、他部門がもつ資源を投入してもらえるかにかかっています。そのためにはブランドマネージャーには、各実働部門と渡り合えるレベルの知識を修得するとともに、消費者の声に裏づけられたブランドに対するビジョンとそれを実現する戦略をつくり上げることが求められます。ブランドマネージャーは、非常に競争の激しいポストであり、長く勤められるものではないといわれます。

ブランドマネージャーの役割が、戦後日本の高度経済成長を演出したといわれる通商産業省によく似ていることに驚きます。それとともに、現在の経済産業省には、そのような力量も声望もまったくなくなった原因と経過を考えさせます。このようにP&Gの歴史、文化、活動を一つ一つ掘り下げてみると、自分の周りのさまざまなことを考えさせてくれる、豊富な材料を提供してくれる会社であることに気づかされます。

4　BASFとバイエル　ドイツというアイデンティティー

ずば抜けた研究開発力

BASFとバイエルは、ドイツを代表する化学会社です。表10に示すように数多くの重要な技術開発、製品開発を世界に先駆けて達成してきた会社です。中でも一九世紀後半の合成染料、一九世紀末から二〇世紀前半の合成医薬、二〇世紀初めのアンモニア合成、二〇世紀前半の合成ゴム、合成繊維、界面活性剤は、「新しい化学製品分野」を開拓したばかりでなく、それを実現するために有機合成化学、高分子化学、触媒化学、高圧化学、化学プロセス工学などの「新しい化学」（学術分野）も切り開いたのです。

このような輝かしい数々の業績を生み出した原動力は何だったのでしょう。世界帝国を築いた英国や広大な領土をもつ米国に比べて、ドイツの置かれた資源小国という環境であったと思います。第二次世界大戦後は、中東石油が豊富に供給されるようになったために日の目をみなくなった石炭液化（合成石油）やレッペ反応（アセチレン誘導品体系）も、二一世紀以後に予想される事業環境の激変の中で、再び脚光を浴びる潜在力をもった技術です。

表10　BASFとバイエルの有名な業績（おもに高橋武雄 著,「化学工業史」, 産業図書（1973）より作成）

年	会　社	内　容
1869	BASF	アリザリン染料
1891	BASF	トリニトロトルエン
1896	ヘキスト	解熱鎮痛薬アンチピリン
1897	BASF	インディゴ染料
1898	BASF	接触法硫酸, 発煙硫酸
1899	バイエル	解熱鎮痛薬アスピリン
1901	BASF	インダスレン染料
1909	ヘキスト	梅毒治療薬サルバルサン
1913	BASF	アンモニア合成
1915	BASF	酸化鉄多元触媒法合成硝酸
1916	バイエル	メチルゴム
1916	BASF	ゴムの加硫促進剤, 老化防止剤
1917	BASF	アニオン界面活性剤
1919	BASF	クロルヒドリン法エチレングリコール
1922	BASF	分散染料
1925	BASF	メタノール合成
1925〜1934	IG（バイエル）	各種合成ゴム（BR, SBR, NBR）
1927	IG（BASF）	乳化重合法ポリ塩化ビニル
1928	IG（BASF）	レッペ反応（アセチレン誘導体）
1930	IG（BASF）	スチレンモノマー
1932	IG（BASF）	褐炭からの石炭液化
1934	IG（BASF）	磁気テープ
1935	IG（バイエル）	化学療法薬サルファ剤
1937	IG（BASF）	非イオン界面活性剤
1938	IG（BASF）	ペーツェー繊維（ポリ塩化ビニル）
1939	IG（バイエル, ヘキスト）	カプロラクタム, 6−ナイロン繊維
1942	IG（バイエル）	AS樹脂
1943	IG（バイエル）	ポリウレタン（合成樹脂, ゴム, 繊維）
1955	ヘキスト	高密度ポリエチレン
1957	バイエル	ポリカーボネート
1959	ヘキスト	ヘキストワッカー法アセトアルデヒド
1960	バイエル	カチオン染料

敗戦のどん底から世界ナンバーワンへ

現在、世界トップクラスのＢＡＳＦとバイエルですが、その道のりは平たんなものではありませんでした。ＢＡＳＦは一八六五年（前身は一八六一年）、バイエルは一八六三年にドイツで合成染料会社としてスタートしました。それ以後、現在までの一五〇年間、ドイツ帝国の発展、二度の世界大戦の敗戦、西ドイツの奇跡の復興と発展、東西ドイツの統合、欧州連合（ＥＵ）発足、グローバル化の進展という大きな環境変化の中で、以下に述べるように両社は、二度にわたる海外資産や技術の没収、企業合同による消滅とその解体による復活という波乱の歴史を歩んできました。

そして現在は、世界の化学会社売上高ランキング（二〇一二年）でＢＡＳＦは一位、バイエルは七位を占め、大きな存在感を示しています。現在のＢＡＳＦとバイエルの事業別の売上高割合を表11に示します。ＢＡＳＦが総合化学的な展開を

表 11　BASF とバイエルの 2012 年事業別売上高割合（決算報告書より作成）

BASF	(%)	バイエル	(%)
化学品（無機薬品，石油化学）	18	―	
プラスチック（エンプラ，ポリウレタン）	15	マテリアルサイエンス	29
高機能製品（アクリル製品，ファインケミカル）	20	ヘルスケア（医薬品）	47
機能性化学品（触媒，塗料，建設用化学品）	15	―	
農業関連製品（農薬，バイオ技術活用作物）	6	クロップサイエンス（アグリビジネス）	21
原油天然ガス（欧州，ロシアでの探鉱，採掘）	21	―	
その他	6	その他	3

しているのに対して、バイエルは医薬品を中心にし、材料事業はポリウレタンとポリカーボネートに絞り込んでいます。現在の両社は競合事業が少ないものの、ポリウレタンと今後の事業拡張を狙っているアグリビジネスでは激しく競争しています。

染料の時代——最先端のドイツ化学がもたらした成功

ＢＡＳＦとバイエルが生まれた時代のドイツは、ルール地方の石炭を原料に製鉄業が発展し、コールタールが大量に生産されました。コールタールを蒸留して得られるベンゼン、ナフタレンからさまざまな合成染料がつくられたので、両社以外にも一八六二年ヘキスト、一八六三年カレ、グリースハイム・エレクトロン、一八六七年アグファ、一八七〇年カッセラなど多数の合成染料会社が創業しました。ドイツ染料工業は、先行した英国の合成染料工業を追い抜き、天然染料も駆逐して、一九世紀末には世界の染料市場をほぼ独占するほどになりました。

その一方、一九世紀後半は、ドイツ染料会社同士も激しく競争する淘汰の時代でした。その中からＢＡＳＦ（本拠地ルートヴィヒスハーフェン）、バイエル（同レバークーゼン）、ヘキスト（同ヘーヒスト）の三社に集約され、他社はこの三社をリーダーとするグループの傘下に編入されていきました。

一九世紀前半のリービッヒが始めた化学分析・実験を中心とした充実した化学教育とホフマンやケクレ（一八六五年ベンゼン構造の提唱）など多数の有機化学者がドイツに生まれたことにより、他国に比べてドイツは、しっかりとした化学教育を受けた有機化学に詳しい人材が豊富でした。それに加えてアカデミー色の強いドイツの大学に対して、いち早く会社内で研究を行う独自の体制をつくり上げたことが、ドイツ染料会社の強さの源泉でした。合成染料研究で築いた有機合成技術は、一九世紀末からの合成医薬、二〇世紀前半の合成ゴムとゴム薬品、二〇世紀中半の合成農薬への展開の原動力になりました。一方、BASFは、合成染料から得られた安定した利益を背景にアンモニア合成のような、まったく違う分野の大型研究開発にも取組みました。

IG染料工業の時代――大きな敗戦の代償

ドイツの染料会社は、一九世紀後半からカルテルによる離合集散を繰返してきました。同時期に米国では、カルテルよりも強力な企業合同（トラスト）が盛んに行われ、石油のスタンダード・オイル、鉄鋼のUSスチール、火薬のデュポンのような巨大企業が誕生しました。この動きに刺激されてドイツでも二〇世紀初めから同様な試みが行われましたが、ドイツ企業は独立性が高く、カルテルの域をなかなか出られませんでした。

しかしながら、第一次世界大戦でのドイツ敗戦、その後の破局的なインフレーション進行、米国や日本企業の合成染料新規参入と国策的保護という事業環境の激変の中で、BASF、バイエル、ヘキスト、アグファなど主要なドイツ化学会社は一九二五年に合同し、IG染料工業が発足しました。これに対抗して英国では翌年に大手四社が合同してICIが生まれています。

IG染料工業成立後は、合理化・高付加価値化によって再び圧倒的な競争力を取戻した合成染料事業と、新興のアンモニア事業からの利益を背景に、石炭液化、合成ゴム、合成繊維、アセチレン化学などの新事業を強力に推進し、先に述べたような輝かしい業績をつぎつぎと生み出しました。ただしＩＧ染料工業は各工場の独立性の高い経営であり、デュポンのような中央研究所ではなく、各工場地区で特色ある研究が進められました。

ところが、一九二九年の世界恐慌後の混乱期に台頭し、ドイツの政権を取ったナチスが自給自足体制を推進する中で、ＩＧ染料工業の運命は大きく変わっていきました。伝統としてきた輸出志向・国際路線から自給自足路線へと急激に転換しました。特に戦争遂行に不可欠な石炭液化や合成ゴムの供給をＩＧ染料工業が中心となって担ったために、一九四五年五月のドイツ敗戦後は、ＩＧ染料工業の各工場は連合国四カ国（米英仏露）による分割管理下に置かれ、さらに東西ドイツへの分離によって、東側にあったロイナ、ビッターフェルドのような大工場を失いました。それに加えて、海外資産や特許などの無形資産も没収されました。米国政府はドイツに技術調査団を送り、ＩＧ染料工業の技術を徹底的に調査し、ＰＢリポートとして公表しました。

ＩＧ染料工業の連合国による処理は大変に長引き、ようやく一九五三年にＢＡＳＦ、バイエル、ヘキストの三大企業を中心とした八企業にＩＧ染料工業は解体されました。

ゼロからの出発

ＢＡＳＦ、バイエル、ヘキストは、売上高でデュポンの七～九分の一という大きな格差を付けられて再発足しました。しかし、三社は互いに激しく競争しながら急速に成長しました。三社発足前夜から一九六〇年代まで、多くのドイツ化学会社に対して、三社によるグループ編入競争が繰広げられ、特にヘキストとバイエルは多数の子会社を得ました。一九五〇年代後半から一九六〇年代は石油化学への進出、拡大競争が行われました。続いて一九六〇年代、一九七〇年代は欧州、北米、南米への海外展開競争が行われました。この結果、一九七〇年代前半には、ドイツ三社はデュポン、ＩＣＩと世界の化学会社売上高ランキングで一位～五位を争うほど巨大になりました。

第二次世界大戦後の処理でドイツは日本より大幅に遅れましたが、一九五八年欧州経済共同体（ＥＥＣ）発足、一九六一年ドイツマルクの第一回切上げなど、国際化のスピードは日本よりも一〇年以上も早く、三社はこの波に乗って輸出から海外投資へ、ドイツから欧州、さらに米国へと大きく飛躍していきました。

この間にドイツの化学工業の構造も大きく変わりました。染料、肥料のウエイトが低下する一方、石油化学、医薬、農薬、消費財化学品が大きく伸びました。三社は成長分野の獲得競争をしながらも、得意分野が明確になり、ある程度の棲み分けが行われるようになりました。ＢＡＳＦはシェルと組んで石油化学基礎製品から中間化学品、汎用プラスチックに強みを発揮しました。また石炭、天然ガス、石油、カリウム鉱山会社を取得するなど原料への進出も大きな特徴でした。バイエルはＢＰ（当時はブリティッシュ・ペトロリアム）と組んで石油化学を展開する一方、農薬、医薬、合成繊維、ウレタン、エンジニアリングプラスチックに強みをもちました。ヘキストは石油化学基礎製品には進出せず、汎用プラスチック、合成繊維、エンジニアリングプラスチックに展開する体制を築くとともに、一九七〇年代にはドイツのカッセラ、フランスのルセルの買収によって医薬品を強化しました。

グローバル時代に消えたヘキスト

一九九〇年の東西ドイツ統合は、ソ連崩壊による東西冷戦の終了、グローバル化時代をもたらしました。日本企業は、一九九〇年代から海外展開が本格化しましたが、ドイツの三大化学会社はすでに欧州企業になっており、さらに米国の中でも有数の会社になっていました。一九七〇年代の石油危機後、先進国での石油化学事業の成長力が著しく低下したため、一九八〇年代には米国で化学会社ばかりでなく、石油会社、投資ファンドを交えた石油化学事業の大規模なM＆Aの嵐が起きました。この嵐がグローバル化時代の到来とともに欧州にも飛び火し、さらに石油化学事業だけでなく、医薬などのファイン・スペシャリティ事業にまでM＆Aの嵐が吹き荒れることになりました。このような嵐の中では、収益力、財務体質の健全性ばかりでなく、企業アイデンティティーをしっかり確保できるかどうかが重要になります。

ヘキストは、一九七〇年代から米国進出を活発化させ、一九八七年には米国のセラニーズを買収してヘキスト・セラニーズに、さらに一九九五年には医薬品会社マリオン・メレル・ダウを買収してヘキスト・マリオン・ルセルとして、世界最大の化学会社となりました。しかし、一九九〇年代後半に、汎用プラスチック、合成繊維、フィルム、エンジニアリングプラスチック、スペシャリティケミカルなどドイツのヘキスト以来の伝統ある強い事業をつぎつぎに売却した後、一九九九年末にフランスのローヌ・プーランと合併してアベンティスとなりました。アベンティスは、医薬とアグリビジネスに特化したフランスの会社でしたが、二〇〇一年にはアグリビジネス部門がバイエルに買収され、残った医薬品部門も二〇〇四年にフランスのサノフィ・サンテラボ（石油会社トタルと化粧品会社ロレアルの医薬品子会社）に買収され、サノフィ・アベンティス（二〇一一年サノフィに改称）になりました。ドイツ化学会社として成長してきたヘキストの消滅です。これは、ヘキストが一九八〇年代にドイツという基盤を離れすぎたために、企業アイデンティティーを失った結果と考えられます。

一方、バイエルは、二〇〇〇年にＢＰとの石油化学合弁事業を解消して持分をＢＰに売却し、さらに二〇〇五年には化学品、合成ゴム、ＡＢＳ樹脂事業をランクセスとして分離独立させ、材料事業はポリウレタンとポリカーボネートに集約しました（表12）。その一方、アグリビジネスではすでに述べたアベンティスの事業を買収して強化し、農薬事業ではスイスのシンジェンタ（ノバルティスとアス

表12　2000年代のBASFとバイエルの主要な企業再編成

年	会　社	内　容
2000	BASF	アメリカン・ホーム・プロダクツの農薬事業を買収
2000	バイエル	BPとのオレフィン合併会社の株式を売却
2000	バイエル	米ライオンデルのポリオール事業を買収（ウレタン強化）
2001	BASF	医薬品事業を米アボット・ラボラトリーズに売却
2001	バイエル	仏アベンティスのアグリビジネス事業を買収
2002	バイエル	アグフア・ゲバルトの株式を完全売却
2003	バイエル	持株会社・事業会社組織に再編成
2004	BASF	バセル(1999年シェルとのPE, PP事業統合会社)株式売却
2004	バイエル	ロシュの一般用医薬品事業を買収
2005	バイエル	化学品，合成ゴム，ABS・AS樹脂事業を分離（ランクセス）
2006	BASF	デグッサの建設用化学品事業を買収
2006	BASF	エンゲルハルト（米触媒大手）を買収
2006	バイエル	シェーリング（独医薬品会社）を買収
2008	BASF	チバ・スペシャルティ・ケミカルズを買収
2010	BASF	コグニス（独スペシャリティケミカル大手）を買収
2011	BASF	イネオスとスチレン事業を分離統合（スタイロルーション）

トラゼネカおのおののアグリビジネスが二〇〇〇年に統合して誕生）とともに世界のトップに並んでいます。二〇〇三年にはホールディング会社組織に変更し、その下にヘルスケア、マテリアルサイエンス、クロップサイエンスの三事業会社をもつ体制になりました。ヘルスケア事業では、二〇〇四年にロシュの一般医薬品事業を買収、二〇〇六年にドイツの名門医薬品会社シェーリングを買収しました。しかし、ドイツ政府の健康保険制度改革などもあって、最近は大型新薬が生まれておらず、世界の医薬品会社売上高ランキングではトップテンに入れない状態が続いています。

ＢＡＳＦの強さはどこにあるのか

ヘキスト、バイエルに比べるとＢＡＳＦの変身は穏やかにみえます。現在でも総合化学会社とよぶにふさわしい活動をしています。二〇〇一年にはヘキストやバイエルに比べて弱小であった医薬

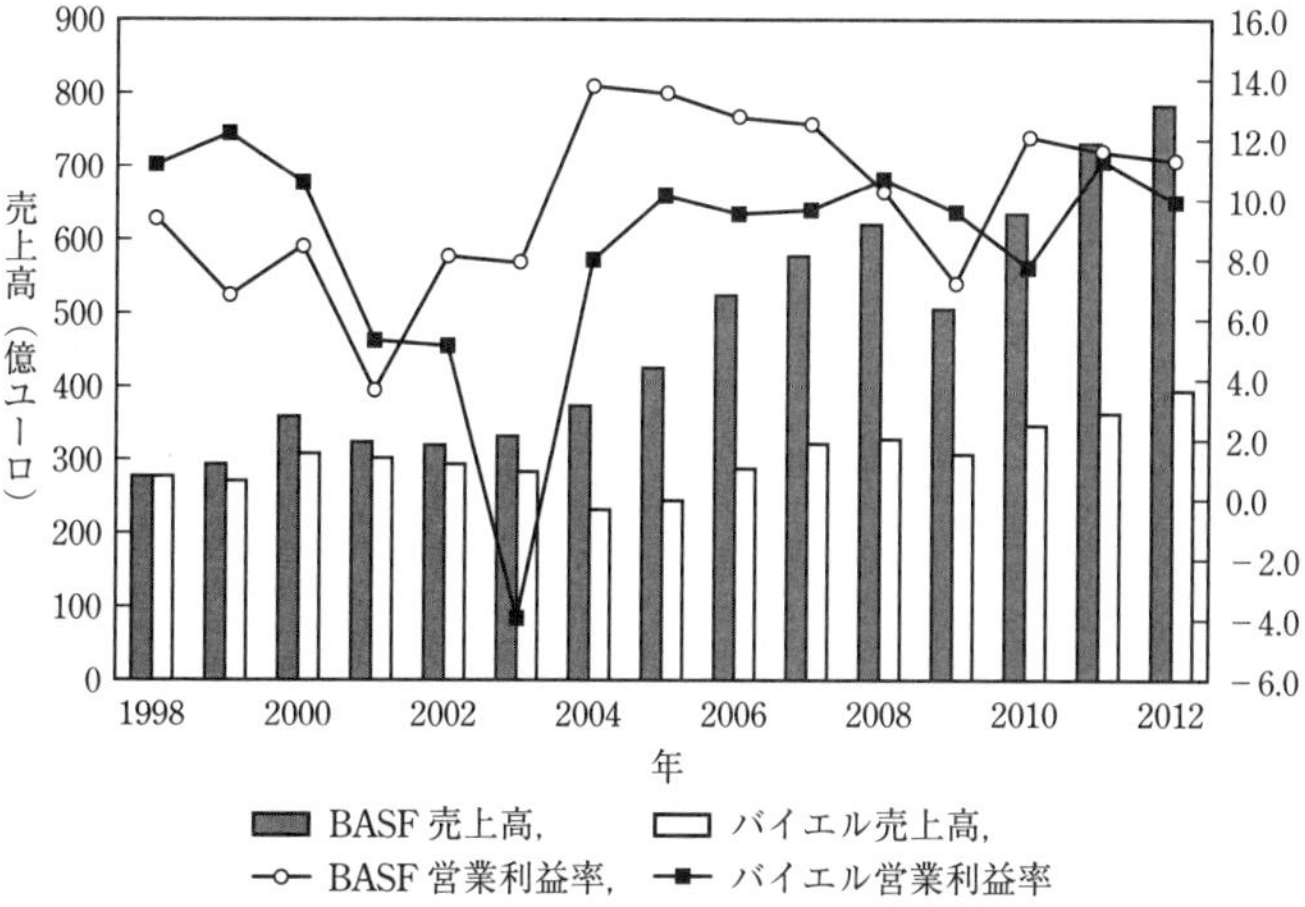

図 6　BASF とバイエルの業績推移（決算報告書より作成）

品事業を売却しました。また、バイエルと同様に、長年石油化学事業で提携してきたシェルとともに、ポリエチレン、ポリプロピレン事業をバセルとして分離し、その後株式を売却しました。しかし、石油化学の縮小ペースは緩やかで、二〇〇〇年代には、中国で大規模な石油化学合弁事業やウレタン事業を展開しています。表12にみられるように大型のM&Aで大きく事業構成を変えるよりも、中小型のM&Aや設備投資・研究開発投資と不採算事業の縮小によって着実に事業の高付加価値化を図っているように思えます。

図6に示すように、二〇〇〇年代にはBASFはバイエルよりも高成長しているとともに、売上高利益率でも優れていることは注目されます。日本の化学・医薬品会社の常識からすると医薬品・農薬事業に集中したバイエルの利益率が高いものと予想されるので、BASFの高利益率は意外です。

BASFは長期経営戦略で「世界の化学業界のリーディングカンパニーであり続けること」を掲げ、競争力の源をフェアブント（統合）というコンセプトにあると説明しています。ドイツのルートヴィヒスハーフェンをはじめとする世界六カ所の大工場と四〇〇弱もある生産工場を重視していますが、これはIG染料工業以来の伝統と思えます。しかしながら、米国経営学に慣れた目からは、バイエルの経営戦略はよく理解できるものの、BASFの強さの源泉は、本当のところよくわかりません。二〇年来の日本経済の低成長に苦しむ日本の化学会社にとって、このブラックボックスの中にこそ重要なヒントが隠されているように思えます。

5 ダウ・ケミカル 驚異のフォロワー戦略

拡大し続けた一〇〇年間

ダウ・ケミカルは、BASFと同様に基礎化学品事業と機能化学品事業を主体とした米国の会社で、世界の化学会社売上高ランキングのトップクラスに位置しています。この会社は、実に不思議な会社です。デュポン、BASF、バイエルのような化学工業史上に残る画期的な製品を生み出した実績はほとんど見当たりません。また、3M、デュポン、P&Gのように、革新的な経営手法を開発して米国経営学教科書に紹介されているわけでもありません。しかし、一〇〇年以上にわたって力強く拡大と変革を続けています。

米国の化学会社としては、二〇世紀前半から長い間、デュポンがトップでした。ダウ・ケミカルは一九七〇年代に石油化学と欧州展開の二つで大きく飛躍すると、第二次石油危機後のかじ取りの難しい時代をうまく切抜け、デュポンに肉薄するまでに成長しました。そして二〇〇一年二月に石油化学会社ユニオン・カーバイド（UCC）を合併すると、図7に示すように一気にデュポンを抜き去りました。さらに二〇〇九年四月には、米国最大の機能化学品会社ローム・アンド・ハース（R&H）を買収し、市況に大きく左右される基礎化学品事業から、安定した利益を見込める機能化学品事業へ事業転換も大きく進展させながら拡大を続け、いまやP&G、ファイザーと並ぶ米国を代表する化学会社に成長しました。

電気分解事業で創業

ダウ・ケミカルは、一八九七年にハーバート・ヘンリー(H・H)・ダウによって米国に設立されました。H・H・ダウは、ミシガン州ミッドランド産の地下かん水(塩分を含んだ水)から臭素を抽出するプロセスを開発し、一八九一年に企業化を試みました。ダウ・ケミカルの本社は、現在でもヒューロン湖に近いミシガン州ミッドランドにあります。

一九世紀半ばに写真が発明され普及するとともに、臭化銀の需要が増大し、一九世紀後半には二酸化マンガンで臭素イオンを酸化する方法によって臭素工業が生まれました。これに対して、H・H・ダウの臭素製造法は、臭素イオンを含むかん水を電気分解し、陽極に発生した臭素を空気で追い出す斬新な製

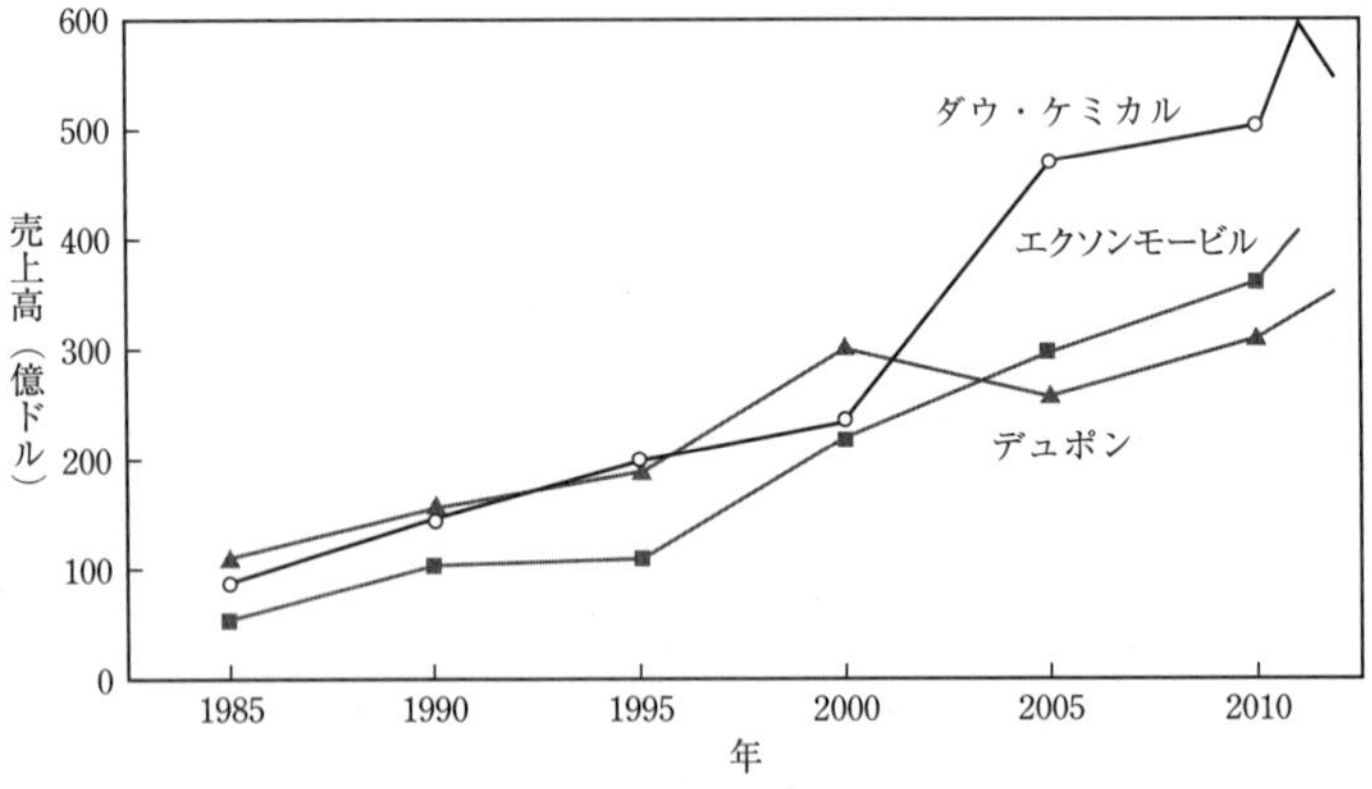

図7 米国化学大手3社の売上高推移(1985〜2005年は田口定雄, 化学経済, 2010年5月号, p. 104, 2010年以降は各社決算報告書と *C&EN* の Global Top 50より作成)

造法でした。

食塩水の電気分解による塩素、カセイソーダの製造法は、すでにいくつかの国で同時並行的に研究が進められていましたが、ドイツのグリースハイム・エレクトロン社が最初に商業的に成功した隔膜電解槽をつくり、一八九〇年に電気分解工場を開設しました。同時期に米国でも多くの電解槽が研究されており、ダウ・ケミカルも独自の隔膜電解槽をつくり、臭素や塩素、さらにさらし粉をつくりました。面白いことに、かん水にはマグネシウム、カルシウムがたくさん入っていたために、当初は臭素や塩素だけを利用し、カセイソーダは製品化せずに廃棄していました。ずいぶん乱暴な操業をしていたものです。

電気分解と塩素系製品事業は、現在に至るまで、ダウ・ケミカルの重要な柱となっています。H・H・ダウは、かん水と電気分解を組合わせて、クロロホルム、塩化カルシウム、金属マグネシウムなどに事業を拡大し、さらに第一次世界大戦による欧州化学品の輸入途絶を契機として、クロロベンゼン、フェノール、アニリン、合成染料、二臭化エチレン（四エチル鉛入りガソリン使用時のエンジン掃気剤）などの有機化学品にまで事業を大きく拡大しました。

金属マグネシウムは、一八八六年にドイツで溶融塩電気分解法により工業生産が始まっていました。ダウ・ケミカルは、かん水からとった塩化マグネシウムを原料に、独自の溶融塩組成による溶融塩電気分解法を開発しました。また、一九三一年には、東海岸ノースカロライナ州で海水に塩素を吹き込む、さらに新しい臭素製造法による工場を設置しました。

このようにダウ・ケミカルは急速に拡大しましたが、当時の世界の大化学会社デュポン（米）、アライド・ケミカル（米）、ＩＣＩ（英）、ＩＧ染料工業（独）などからみれば、まだ眼中に入らないほどの小さな会社でした。

高分子材料への参入で飛躍

一九三〇年代にダウ・ケミカルは高分子材料の生産を開始しました。ダウ・ケミカルが一九三五年に最初に取組んだプラスチックはエチルセルロースでした。これは、アルカリセルロースに塩化エチルを反応させて製造するので、まだ塩素系製品の流れの中にありました。エチルセルロースは、塗料やプラスチックとして使われましたが、それほど主要な高分子材料にはなりませんでした。

一九三七年に生産を開始したポリスチレンは、ダウ・ケミカルが本格的に高分子材料で飛躍するきっかけをつくりました。ポリスチレンの生産には、モノマーであるスチレンを生産しなければなりません。すでにドイツのＩＧ染料工業が一九三〇年からスチレンの生産を開始していましたが、ダウ・ケミカルも一九三七年からスチレンの生産を開始しました。

ところが、ポリスチレンの需要が本格的に開花する前に第二次世界大戦が始まり、軍需物質として重要な合成ゴム スチレン-ブタジエンゴム（ＳＢＲ）の原料として、モノマーであるスチレンの重要性が先に高まってしまいました。ダウ・ケミカルは、一九四二年にはカナダ・オンタリオ州サーニアにもスチレンモノマーの工場を建設しました。ダウ・ケミカルとしては、初めての海外工場ですが、サーニアはヒューロン湖周辺の米国との国境近くの町であり、ダウ・ケミカルの本拠地ミッドランドの近くなので、海外工場というほどのことはありません。

さらに一九四三年には、ガラス製品会社コーニング・グラスとの合弁会社ダウ・コーニングを設立し、ケイ素樹脂（シリコーン）の生産を開始しました。戦時中なので、シリコーンも当初はもっぱら軍需用途に限られました。シリコーンは一九四一年にコーニングが開発した耐熱性の熱硬化性樹脂ですが、マグネシウムを使うグリニャール試薬と四塩化ケイ素からつくられるクロロアルキルシランを経由する製造法だったので、マグネシウムと塩素を製造していたダウ・ケミカルとの合弁になったと考えられます。

マグネシウムは、第一次世界大戦前までは閃光（フラッシュ）需要程度でしたが、一九〇六年にジュラルミン（アルミニウムとマグネシウムを主体とした合金）が発明され、航空機に不可欠の材料になるとともに、第二次大戦前には金属マグネシウムの生産規模も拡大しました。一九四〇年には、海水からマグネシウムを生産するために、テキサス州フリーポートに工場をつくりました。これが、現在もダウ・ケミカルの主力石油化学工場であり、世界の中でも最大規模の化学工場の始まりでした。

石油化学と欧米展開で大躍進

第二次世界大戦後、ダウ・ケミカルは、ただちに石油化学事業の拡大、特に高分子材料の民生需要の掘り起こしに着手しました。ポリスチレンは、家電製品、照明パネル、家庭製品（使い捨て食器、雑貨おもちゃ）、包装材料、発泡製品にと爆発的に民生需要が拡大したので、一九四六年にはカナダのサーニア工場でもポリスチレンの生産を開始しました。また一九五三年にはサランラップ（塩化ビニリデン樹脂のラップフィルム）の販売も始めました。

一九五五～一九五六年には、テキサス州フリーポートのほか、ルイジアナ州でも石油化学コンビナートを建設し、スチレン系のみでなく、エチレン、ポリエチレン、アクリロニトリル、プロピレンオキシドなど、多くの石油化学製品の生産を開始しました。

一九五二年には、当時外国資本の参入を厳しく規制していた日本に進出し、最初の海外子会社として旭ダウ（旭化成工業との合弁会社）を設立して、ポリスチレン、サランラップなどの事業を開始しました。一方、欧州には一〇〇パーセント出資の単独進出を行い、一九六一年にオランダのテルネーゼン（ベルギーのアントウェルペンの近く）に大規模な工業用地を取得して、一九七〇年代初めにナフサクラッカーを稼動しました。また、北ドイツのハンブルク近郊のシュターデでは塩素系製品を展開しました。

このような積極的な投資活動によって、ダウ・ケミカルは、一九六〇年代末にはまだ売上高でデュポンの半分、ＵＣＣの六割程度の規模でしたが、米国第三位の化学会社であったモンサントにほぼ追いつくまでに成長しました。

石油危機局面での絶妙なかじ取り

しかしながら、ダウ・ケミカルの石油化学拡大戦略は、一九八〇年代に大きな壁にぶつかりました。第二次石油危機後の長引く世界的な能力過剰です。ダウ・ケミカルは、一九八二年に旭ダウからの撤退、サウジアラビア計画の中止などを実行する一方、一九八一年に医薬品会社リチャードソン・メレルの買収、一九八五年ポリウレタン原料事業や家庭用洗浄剤事業の買収、一九八九年には医薬品会社マリオン買収（医薬品子会社マリオン・メレル・ダウを設立）、さらにイーライ・リリーと農薬合弁会社ダウエランコを設立して六〇パーセント持分を所有するなど機能化学品事業の拡大を始めました。

デュポンは、一九八一年に石油会社コノコを買収する一方、エチレン、高密度ポリエチレンなどの石油化学事業を大胆に売却するという、ちぐはぐな戦略を実施しながら、機能化学品事業の拡大を図ろうとしました。これに対して、ダウ・ケミカルは、石油化学は過剰な投資を圧縮し、合理化を急速に進める程度に止め、その一方で機能化学品の拡大を図るという戦略でした。

しかし、一九九〇年代には医薬品業界の大きな変動によってマリオン・メレル・ダウの収益が低迷し、機能化学品拡大戦略はすぐに修正を迫られました。一九九五年には、この医薬品子会社の株式持分すべてをヘキストに売却しました。一九九〇年代に世界的に進行した医薬品事業と化学事業分離の一例です。医薬品事業からは撤退しましたが、ライフサイエンス分野ではアグリビジネスに集中しました。一九九七年にはイーライ・リリーとの農薬合弁会社を買い取って一〇〇パーセント子会社ダウ・アグロサイエンスに組み替え、農薬のみならず、遺伝子組換え種子事業を含めてつぎつぎと買収攻勢を行うことによりアグリビジネスの拡大を図りました（表13）。

一九九〇年代には非戦略事業としてサランラップなど多くの事業が処分されました。その中に、かつての柱の一つマグネシウムがありましたが、もはや話題にもなりませんでした。

一方、石油化学事業は、合理化が一段落すると、再び攻勢に転じました。一九九五年にフリーポートとカナダのアルバータ州の大型エチレン設備稼働によって、シェルを抜いて北米エチレン生産能力ではトップに躍り出ました。また、ポリエチレンの新触媒であるメタロセン触媒を開発し、同じくメ

表13　1990年代以後のダウ・ケミカルの主要な企業再編成

年	区分	内容
1995	稼働	テキサス州フリーポートとカナダ・アルバータ州のエチレン
1995	売却	マリオン・メレル・ダウの72%持分をヘキストへ
1995	買収	伊エニケム子会社PTA・PET† 樹脂の80%
1996	買収	東独BSLコンビナートの80%（1997年9月手続き完了）
1997	買収	農薬合弁ダウ・エランコのイーライ・リリー持分40%
1998	売却	ダウ・ブランドの消費者製品事業をSCジョンソンへ
1999	合併	UCCと株式交換で合併（2001年2月完了）
2001	取得	UCC・エクソンモービル合弁のユニベーションテクノロジーズ（メタロセン触媒と気相法プロセス）の50%
2001	売却	メタロセン触媒技術をBPへ
2001	買収	R&Hの農業化学品事業
2001	買収	欧州最大の自動車用接着剤会社グルト・エセックス
2002	稼働	マレーシア・ペトロナスとの合弁クラッカー
2003	合意	クウェートPICとの石化合弁第2期（2008年破談）
2004	売却	カナダのEG設備，PTA・PET† 事業の50%をPICへ
2008	買収	R&H（2009年4月完了）
2010	売却	スチレン系樹脂，合成ゴム，ポリカーボネートを金融ファンドのベイン・キャピタル・パートナーズへ
2011	売却	ポリプロピレン事業をブラスケムへ
2011	拡張	米国エチレンを新増設で2017年までに230万トン増
2011	合意	サウジ・アラムコとの合弁石化コンビナート（ジュベール）

† PTAは高純度テレフタル酸，PETはポリエチレンテレフタラートの略．

タロセン触媒を開発したエクソンと激しく覇権を争いました。

さらに一九九〇年の東西ドイツ統合に対して、旧IG染料工業時代、旧東ドイツ時代に中心的な化学コンビナートであったブナ、ソウ、ロイナの大工場群（BSL）の取得交渉を進め、一九九七年秋に取得手続きを完了するとともに、再建と近代化を図り、二〇〇〇年六月には近代化計画を完了することによって一〇〇パーセント取得に至りました。BASFの、まさにお膝元でのことです。

デュポンを超えた二つの大合併

UCCは、一八九八年創業で一九六〇年代にはデュポンに次ぐ大手総合化学会社でした。しかし一九八四年一二月にインドのボパールの農薬工場で史上最悪の漏洩事故を起したことにより、会社の運命が一転しました。一九八五年から金融ファンドによる買収攻勢をかけられ、一九八〇年代後半には電池、エンジニアリングプラスチック、農薬事業を、さらに一九九〇年代には炭素製品、工業ガス事業、シリコーン事業を手放して、オレフィン、ポリオレフィン、エチレンオキシド・エチレングリコール（EOG）、塗料・接着剤事業のみに集中し、一九九九年売上高ではダウ・ケミカルの三割程度の規模にまで縮小していました。

ダウ・ケミカルにとっては、弱い事業分野（EOG、塗料・接着剤）を補完できるうえに、進出の遅れていた資源国（クウェート、マレーシア）での石油化学事業を一気に入手し、グローバルなエチレン能力としても、エクソンモービル、シェルを大きく追い越す点が、UCCとの合併の魅力でした。

一九九九年夏に始まった交渉はスムーズに進んだものの、各国の独占禁止法審査が長引き、合併は二〇〇一年二月にようやく完了しました。

ダウ・ケミカルは、UCCとの合併後、それまでの単独主義の伝統を改め、積極的に石油化学の合弁事業化を進めるようになりました。クウェートの国営石油化学会社（PIC）との合弁による石油化学コンビナート第二期計画（二〇〇三年合意）は、二〇〇八年の金融危機によってクウェート側から破棄されて失敗しましたが、ダウ・ケミカルがもっていたカナダの石油化学事業はPICとの合弁事業に移行しました。また一度は白紙になったサウジ・アラムコとの合弁計画も、二〇一一年に新たな合意ができ、合弁会社が設立されました。一九八〇年代以来懸案となっていたサウジアラビアへの進出がようやく動き出したことになります。

一方、米国最大の機能化学品会社R&Hの買収は、二〇〇九年四月に二〇〇億ドル弱で完了しました。同時期にファイザーによる七〇〇億ドル弱のワイス買収、メルクによる四〇〇億ドル強のシェーリング・プラウ買収があったので目立たなくなりましたが、ダウ・ケミカルにとっては、二〇〇八年秋に発生した金融危機の中で資金面では薄氷を踏む買収となりました。その後、長年の主力事業であったスチレン事業、さらにポリカーボネート事業を売却してR&H買収に伴う資金処理を終えました。この一連の動きによってダウ・ケミカルは、表14に示すように機能化学品事業へのシフトが大きく進むことになりました。最近のダウ・ケミカルがリチウムイオン電池材料や太陽電池パネルを熱心に手がけているのは、この会社の歴史を知る者には意外の感がありますが、それほどにダウ・ケミカルは大きく変わりつつあります。

その一方で、二〇〇〇年代半ばから起った米国のシェールガスブーム（新技術による非在来型天然ガス資源の開発）によって、米国石油化学の競争力が回復する見込みが出てきたことにただちに対応して、二〇一七年までに二百万トン以上のエチレン新増設計画を発表しています。

二〇一三年一二月にダウ・ケミカルは、クロルアルカリ事業および塩化ビニル、塩素系溶剤、エポキシ樹脂などの塩素誘導品事業を分離し、将来売却することも検討中であること、フリーポート工場の八〇万トンクロルアルカリ工場を閉鎖することを発表しました。これら事業は、年間五〇億ドルになります。ダウ・ケミカルのクロルアルカリ事業は、会社発祥の事業というばかりでなく、地下かん水くみ上げ、電気分解、塩素の利用と高度に統合され、この分野では世界最強と思われていたことから、まったく予想外の

表 14　R&H 統合前後のダウ・ケミカルの事業構成の変化
（決算報告書より作成）

事業セグメント名（主要製品）	売上高割合（%）		
	2008 年	2009 年	2010 年
機能化学品事業	**52**	**62**	**62**
電材・スペシャリティ（電子情報材料，ダウ・コーニングの製品）	4	8	9
塗料，建設材料（塗料，接着剤，建設材料）	6	10	10
健康・農業科学（農薬，種子）	8	10	9
機能システム（自動車材料，エラストマー）	13	13	13
機能製品（アミン，エポキシ，アクリル，ウレタン）	21	20	20
石化・基礎化学品事業	**48**	**38**	**38**
樹脂（ポリオレフィン，ポリスチレン）	25	22	22
基礎化学品（カセイソーダ，二塩化エチレン，塩化ビニル，EOG†）	9	6	7
炭化水素（エチレン，ブタジエン，ベンゼン）	15	9	10

†　EOG はエチレンオキシド・エチレングリコールの略.

発表でした。それほどまでに機能化学品事業に急速にシフトしたいのかということを改めて感じます。しかし、クロルアルカリ事業は、塩素誘導品だけでなく、ウレタン、シリコーンなど多くの機能化学品事業にも関係する根幹事業なので、その影響は二〇一〇年に売却が完了したスチレン事業よりもはるかに大きく、単に五〇億ドルの売上減にとどまらず、ダウ・ケミカルの競争力の源泉を失うことにもなりかねないと懸念されます。この点はダウ・ケミカルも慎重に計画を進めることにしています。

不思議な会社

化学会社が行うイノベーションには、新製品開発、新経営手法開発のほか、新原料開発や新製造プロセス開発があります。ダウ・ケミカル発展の歴史をながめると、画期的な製品や経営手法を開発した例は見当たりませんが、この会社は新製造プロセスの開発に強い会社であり、同業会社からは低コストプロセスを開発しては新規参入してくるフォロワーとして恐れられることがわかります。半面、現代の医薬品のような特許に守られた新製品期間だけが利益の源泉となるような事業は不向きであり、早々に撤退したと考えられます。

このように考えるとダウ・ケミカルが進めている機能化学品のウエイトを高める戦略は、ダウ・ケミカルがもってきた伝統的な強みと並立しないことになる懸念もあります。しかし機能化学品には、画期的な新製品開発が重要となる事業と、画期的な製品をつくるわけではないが、顧客需要を適切に把握して顧客の問題解決に適切に答えることが重要な事業があります。ダウ・ケミカルは、自社の強みを生かした選択によって、機能化学品でも成長を追求していくものと期待されます。

6　エクソンモービル　スーパーメジャーのぶれない戦略

石油化学を始めた石油会社

世界の化学会社売上高ランキングに「化学割合」という項目があります。その会社の売上高のうち化学製品の売上高がどの程度を占めるかを示しています。この化学割合が一割にも満たないのにランキングトップクラスに入っている会社があります。それが米国のエクソンモービルと英国・オランダにまたがるロイヤル・ダッチ・シェル（以下シェルと略）。石油会社は、自社の取引商品である石油を利用して石油化学事業に進出しています。中でも、エクソンモービルの石油化学事業は強く、一貫した石油化学戦略を敷いています。

エクソンモービルは、米国第一位の石油会社エクソン（一九七二年に改称する前は、スタンダード・オイル・オブ・ニュージャージー）と第二位の石油会社モービル（もとはスタンダード・オイル・オブ・ニューヨーク）が一九九九年に合併して発足した、米国第一位の石油会社です。両社の起源は、一八七〇年にロックフェラーが設立したスタンダード・オイルにまで至ります。

両社のうち、モービルが化学事業に進出するのは一九六〇年ですが、一方のエクソンは、一九二〇年に石油廃ガスからイソプロピルアルコールを最初に製造して化学事業に進出しました。これは、世界最初の石油化学製品の商業生産といわれています。イソプロピルアルコール自体も溶剤として使われますが、これを酸化してより重要な自動車塗料用溶剤であるアセトンを製造しました。

二〇世紀は、自動車と石油の世紀でした。一九世紀後半に米国で始まった石油産業は、当初は照明用の灯油を主要製品としていました。しかし二〇世紀に米国で自動車の大量生産が始まるとともに、ガソリンが主力製品になりました。石油会社は原油からできるだけ多くの良質ガソリンを得るために、石油を加熱分解し、異性化、水素添加などさまざまな改質処理を行うようになりました。このような操作を行うと、ガソリン留分のみならず、オレフィンガスを含む石油廃ガスも大量に発生します。この石油廃ガスが最初の石油化学製品の原料に使われたのです。それればかりでなく、大量の石油やガスを扱い、化学処理する技術は化学工学として体系化され、おもに欧州で発展してきた触媒化学、高圧化学、高分子化学とともに、石油化学技術を生み出す主要な柱になりました。

エクソンは、一九三〇年代にはスチームクラッキング（エタンやガス状にしたナフサに水蒸気を混合し、加熱炉で短時間に高温熱分解してオレフィンや芳香族炭化水素などを生成する技術のこと。この装置をクラッカーといい、石油化学コンビナートの中心に位置する）による世界初のオレフィンの商業生産も行いました。石油化学の始まりにはさまざまな説がありますが、エクソンこそ石油化学を始めた会社といえましょう。

石油と石油化学は異なる事業

石油化学工業は、石油や天然ガスを原料とした化学工業という、きわめて簡単な定義しかありません。その製品には、オレフィンや芳香族炭化水素などの反応性の高い炭化水素類、それを原料にアルキル化、酸化・還元などさまざまな化学反応でつくられる多種類の有機薬品類、また炭化水素類や有機薬品類を原料に重合反応によってつくられる多彩な高分子化学品類があります。

素人目には、石油工場も石油化学工場も、反応器、蒸留塔、タンクとそれらをつないでいる複雑なパイプラインから成るので同じような産業と思われるかもしれません。しかし、それは誤解です。石油事業と石油化学事業は、規模も性格もまったく違います。

表15に示すように、欧米大手石油会社の売上高は何千億ドル台です。それに対して、世界のトップ化学会社の売上高はいまだに一〇〇〇億ドルには到達していません。欧米の大手石油会社の化学部門を担っているトップクラスは、世界の化学会社売上高ランキングの十位台になるほど大きなものです。しかし、それでも大手石油会社の売上高に占める化学部門の割合はせいぜい一〇パーセント程度にすぎません。主要な石油化学原料として使われるナフサやエタンが、石油や天然ガスの高々数パーセントを占める程度の量ですので、これは当然ともいえます。逆にいえば、それほど石油会社が取扱う石油や天然ガスの量は、化学製品の量に比べてけた違いに膨大なのです。

しかも、大手石油会社で利益を稼ぐ部門は、圧倒的に原油・ガスの探鉱・開発・採掘を行うアップストリームであり、精製・輸送・販売のダウンストリームや化学部門ではありません。大手石油会社は、原油や天然ガスのような少ない種類の製品を大量に取扱うことが得意であり、化学製品の中では最大の量を取扱い、しかも比較的単純な製品構成と思われる石油化学製品であっても、石油会社にとっては非常にこまごました製品にみえるのです。石油化学製品の中でどの範囲を自社の事業とするかは、石油化学を行う会社にとって重要な経営選択ですが、大手石油会社にとっても、それは大変に重要です。一般には化学製品としての加工度が上がるほど、石油会社にとっては扱いにくくなっていきます。

もう一つの誤解

石油を大量に扱っている石油会社は、石油化学事業に安価に原料を提供できるので強みを発揮できるとの誤解もしばしばみかけます。しかし、もっと高価にナフサやエタンを石油やガスとして外部に売ることができる機会を失ってまで、石油会社が自社内の石油化学事業に安価に原料を提供することはありません。市場価格による原料費によって石油化学事業単独で期待する投資利益率を生まないかぎりは、石油会社にとっても石油化学事業をもつ必然性はないのです。石油会社の化学事業をみる場合、何を強みとして化学事業を行っているのかという視点をもつことが重要です。

余談になりますが、この視点からみると、近年成長著しい中東資源国や新興国の石油化学会社は、まだ欧米の大手石油会社の域に達していません。これらの会社は、拡大する需要に対応して、現在はひたすらに石油化学事業を拡大し、売上高を伸ばすことだけに集中しています。国内で独占的な運営を行っている国営石油会社の大きなパイに依存して、安価な化学原料を得ている場合もあります。したがって、世界の化学売上高ランキングで中国のシノペックやサウジアラビアのＳＡＢＩＣが、世界大手石油会社の化学事業を追い越すようになってきても、その実力を過大評価してはなりません。本当の競争は、まだこれから先にあります。

表 15　欧米大手石油会社の化学部門の状況

会　社		エクソンモービル	ロイヤル・ダッチ・シェル	トタル	シェブロン/コノコフィリップス[†1]	BP
本社所在国		米　国	オランダ	フランス	米　国	英　国
全社売上高（億ドル）		3701.25	3680.56	2112.04	4035.83	2971.07
全社の利益源の割合	アップストリーム	79 %	84 %	81 %	93 %	88 %
	ダウンストリーム	12 %	16 %	11 %	13 %	16 %
	化　学	16 %		8 %		
化学部門売上高（億ドル）[†2]		355.21	352.77	231.93	112.04	80.00
化学部門割合		9.6 %	9.6 %	11.0 %	2.8 %	2.7 %
主要な化学事業		オレフィン，ポリオレフィン，芳香族，ブチルゴム，オキソアルコール	オレフィン，芳香族，エチレンオキシド・エチレングリコール，スチレン系，高級オレフィン，高級アルコール	オレフィン，ポリオレフィン，芳香族，スチレン系，化学肥料，ゴム加工，工業用樹脂，接着剤	オレフィン，ポリオレフィン，芳香族，スチレン系	パラキシレン，高純度テレフタル酸，酢酸

†1　2010 年決算値．ただしシェブロン / コノコフィリップスの全社売上高は，シェブロンとコノコフィリップスの売上高合計，全社の利益源の割合は，シェブロンのみで計算した数値．化学部門はシェブロン・フィリップス・ケミカルの数値
†2　化学部門売上高は，*C&EN*，2011 年 7 月 25 日号の Global Top 50 に掲示されている数値．ただし BP は筆者推定値

石油業界の大きな再編成

一九七〇年代まで世界の石油生産は、セブンシスターズとよばれる大手国際石油会社七社がほぼ独占し、支配していました。しかし、産油国による資源国有化が始まり、石油採掘、原油価格などの決定権も産油国側に移り、石油会社による石油支配は幕を閉じました。さらに、中東以外の地域での資源探索の必要性が高まったことにより、石油業界は再編成の時代に入りました。一九八〇年代には、化学会社デュポンによる世界九位の石油会社であったコノコの買収が行われ、同様に製鉄会社USスチールによるマラソン・オイル買収、スタンダード・オイル・オブ・カリフォルニア（通称ソーカル）によるガルフ・オイル買収（シェブロン誕生）など、大手石油会社の中では下位の会社や中堅石油会社の買収が行われました（図8）。

しかしこれは石油業界再編成の序曲に過ぎませんでした。一九九〇年代後半から二〇〇〇年代前半に石油業界の大きな再編成が起きました。一九九八年に英国のブリティッシュ・ペトロリアムが、米国のアモコ（もとはスタンダード・オイル・オブ・インディアナ）を、さらに二〇〇〇年には米国のアーコを買収します。一九九九年には先で述べたエクソン、モービルという世界第一位、

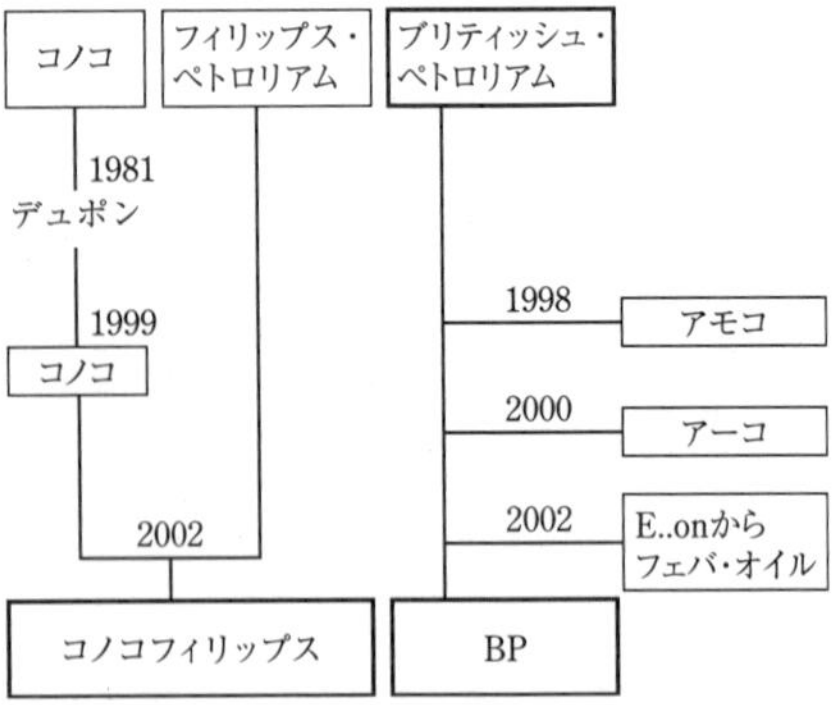

図8（つづき）

第二位の石油会社の合併が行われ、一方一九九九年にデュポンが株式を売却することによって再度独立したコノコは、単独では生き残れないので、米国のフィリップス・ペトロリアムと二〇〇二年に合併してコノコフィリップスとなります。一方、二〇〇一年には米国のシェブロンが、同じく米国の大手石油会社テキサコを買収しました。

欧州では、一九九九年にはフランスの石油会社トタルがベルギーのペトロフィナを統合し、さらに二〇〇〇年にはフランスのエルフ・アキテーヌも吸収しました。

こうして図8に示すように現在スーパーメジャーとよばれる大手石油会社が二〇〇〇年代前半に続々と生まれました。

見直される化学事業と台頭するファンド系

このような石油業界の再編成の中で、石油会社の化学事業についても先に述べたような視点から大きな見直しが行われました。その中でもBPは最もドラスチックな

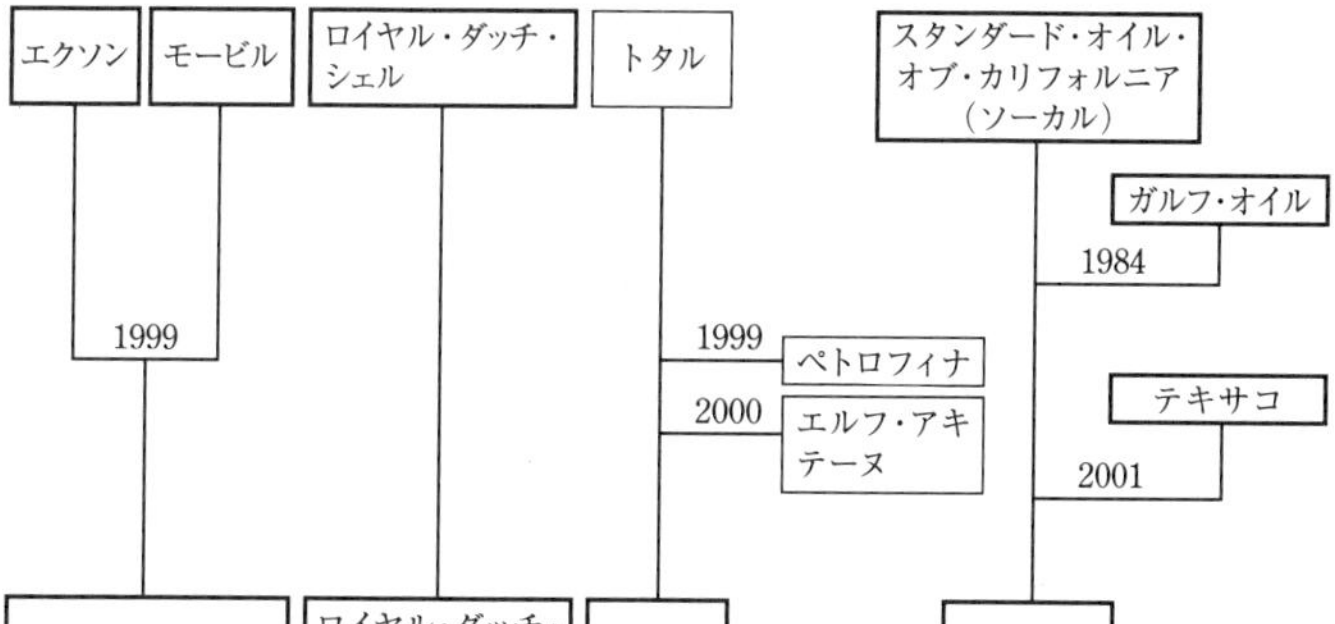

太枠で囲ってある会社は，メジャーとよばれる大手国際石油会社．
デュポンは石油会社でない．

図8　欧米の大手石油会社の再編成

見直しを行いました。一九九八年アモコ買収により大きな化学事業を手に入れ、さらに二〇〇〇年代の初頭に、長らくドイツ化学会社バイエルと組んできたオレフィン合弁会社のバイエル持分をすべて買収、さらにドイツのフェバ・オイルを買収してクラッカーも取得、ベルギーのソルベイのポリエチレン事業を買収するなど、続けざまに石油化学事業を強化しました。ところが二〇〇五年に突然オレフィンと誘導品事業をすべてイノビーン社として分社化し、それを英国のファンドであるイネオスに売却してしまいました。現在では化学品事業は、アモコから引継いだ高純度テレフタル酸、酢酸事業のみに集中しています。

一方、シェルは石油業界再編成には関与していませんが、一九九〇年代後半から二〇〇〇

投資会社イネオス

- 1998 BPのアントウェルペン事業買収
- 2001 ICIの塩素，塩化ビニル事業買収
- 2001 フェノールシミー買収
- 2001 ダウ・ケミカルのエタノールアミン事業買収
- 2005 シェブロン・フィリップス・ケミカルのキュメン事業買収
- 2005 イノビーン（BPの石油化学事業会社）買収
- 2005 BASFの米国カナダ ポリスチレン事業買収
- 2006 BPのケルン エチレンオキシド・エチレングリコール事業買収
- 2007 ランクセスのABS樹脂事業の51%取得
- 2007 ボレアリスのノルウェー石油化学事業買収
- 2008 BASFの英国アクリロニトリル事業買収
- 2008 BPのアントウェルペン酢酸ビニル，酢酸エチル事業買収
- 2011 ポリスチレン事業を分社化し，BASFから分社化したポリスチレン事業と併せてスタイロルーション設立

投資会社イネオス

図9（つづき）

年代前半に巨大な化学事業を全面的に見直し、大幅な圧縮を行いました。塩化ビニル樹脂、汎用合成ゴム、ポリスチレン、ポリエチレンテレフタレート（PET）樹脂、エポキシ樹脂事業をつぎつぎと売却し、二〇〇〇年にドイツ化学会社BASFとオレフィン、ポリオレフィン事業を統合して発足させたバセル（オランダ）も、二〇〇五年には売却してしまいました（現在のライオンデル

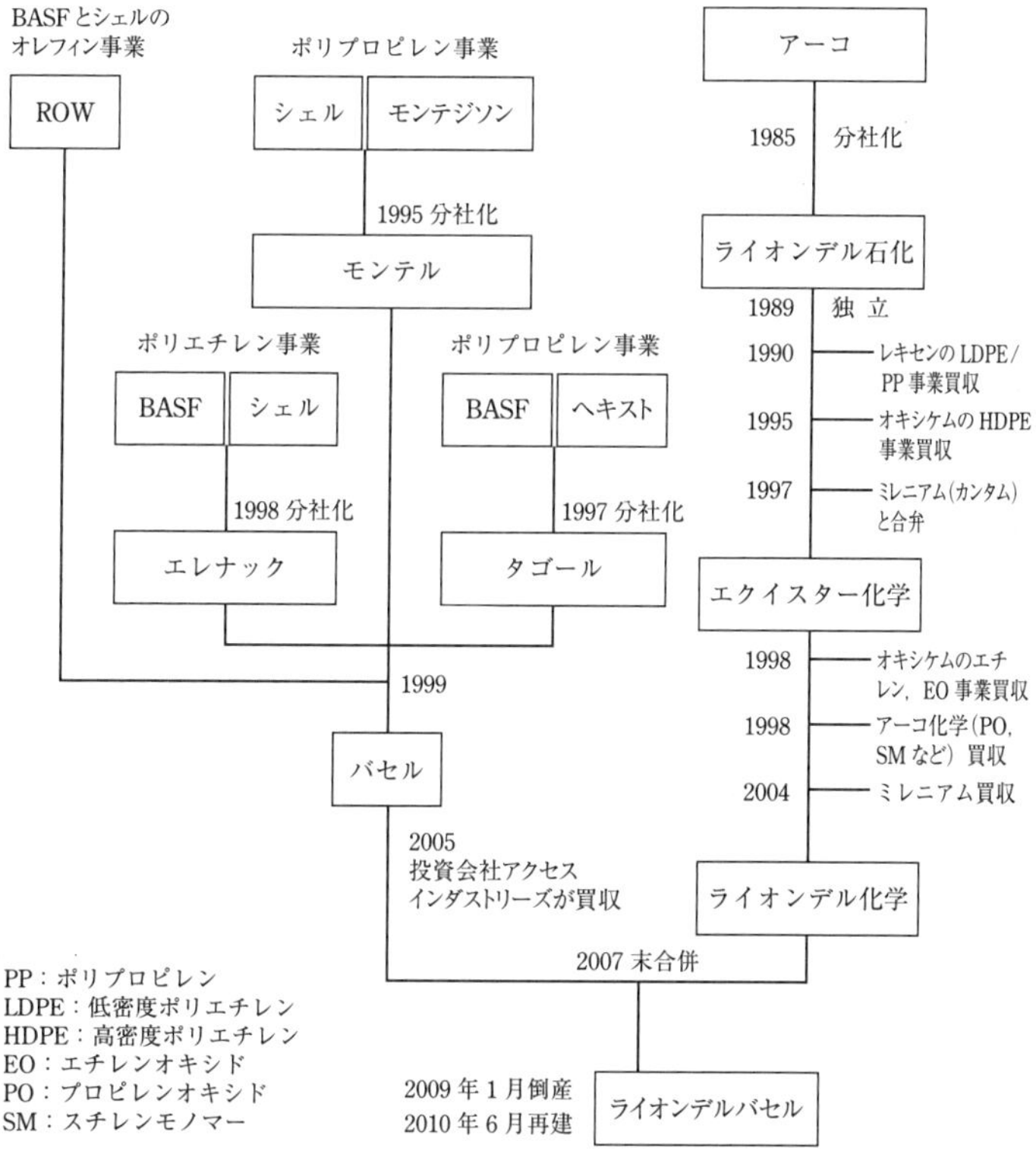

図9　2社に集結したファンド系石油会社

バセル）。売却した事業には世界の中でも最強ともいえるものがいくつも含まれていましたが、大きな石油化学事業を目指して石油から遠い化学製品にまで手を伸ばすよりも、石油事業との相乗効果を求め、クラッカーに向けて逆戻りする戦略を強力に進めました。

米国の大手石油会社シェブロンとフィリップス・ペトロリアム（二〇〇二年にコノコフィリップス、二〇一二年に石油精製・販売、石油化学などの石油川下事業をフィリップス66として分離・独立）は、石油事業に集中するため二〇〇〇年に化学事業を分離・統合してシェブロン・フィリップス・ケミカルを設立しました。化学事業としてはオレフィン、ポリオレフィン、芳香族、スチレン事業に集中しています。

なお一九八〇年代以来、デュポン、ヘキスト、ＩＣＩ、バイエルなどの石油化学事業売却の動きに呼応して、投資ファンドなどの資金力を背景に、ビスタ・ケミカル、ケイン・ケミカル、ナショナル・ディスティラーズ（カンタム・ケミカル）、オキシデンタル・ケミカル（オキシケム）、ハンツマンなど多くのファンド系石油化学会社が買収により急成長しては、また分割、売却されるという目まぐるしい歴史が繰返されてきました。二〇〇〇年代にＢＡＳＦ、ＢＰ、シェルなどの石油化学事業売却が加わり、ファンド系石油化学会社が、イネオスとライオンデルバセルの二つに集約されてきました。その先行きを見通すことはいまだにできませんが、両社が拡大してきた過程を図９に示します。

貫かれたエクソンモービルの石油化学戦略

競合する大手石油会社が、石油再編成とともに石油化学事業も大きく見直したのに対して、エクソンモービルの石油化学戦略は、一九九九年の合併前後でも大きな変化はみられず、一貫した石油化学戦略を続けています。むしろほかの石油会社がエクソンモービルの一貫した石油化学戦略を見習って化学事業の見直しを進めてきたともいえましょう。

図10に示すように、エクソンモービルの化学事業は、シェルの化学事業と売上規模では近年競合し、トタル、シェブロン、コノコフィリップス、BPの化学事業を引離しています。表15には石油会社全社の利益源の割合を示していますが、エクソンモービルの化学部門の寄与が大きいことが目立ちます。シェル、シェブロン、コノコフィリップス、BPは化学部門の利益を石油精製・販売などダウンストリームに含めています。これは別掲するほど化学事業に大きな利益がないためと考えられます。このようなエクソンモービル化学事業の強さの源泉は、世界のクラッカーや芳香族プラントの九〇パーセント以上が精油所やガス処理プラントと統合され、広範囲の原料を日々最適化できているからと

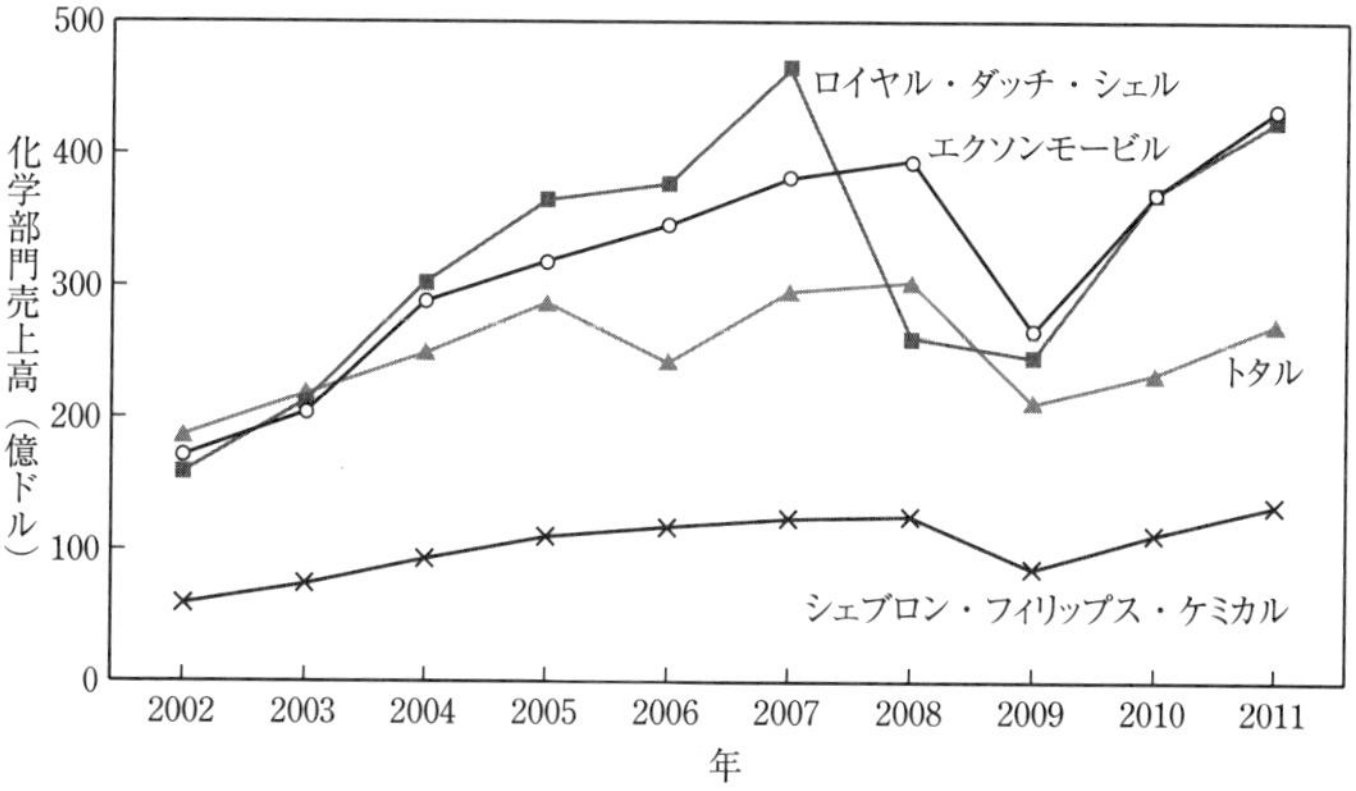

図10　欧米大手石油会社の化学部門売上高推移（*C&EN* の Global Top 50 より作成）

いわれています。

それとともに、事業構成を石油に近い事業であるオレフィン（シェア世界二位）、芳香族（ベンゼン、パラキシレンは世界一位）、ポリエチレン（世界二位）、ポリプロピレン（世界五位）などの汎用石油化学製品に集中していることが大きな強みです。

スペシャリティ石油化学製品とよばれるものでも、世界一位のブチルゴム、オキソアルコールのような圧倒的に高いシェアをもつ事業に特化しています。また、ポリオレフィン、接着ポリマー、特殊エラストマーなどの競争力の源泉として、メタロセン触媒の技術も有名です。

これに加えて一九八〇年代から中東での大規模なオレフィン、ポリオレフィン事業に果敢に取組むことにより、安価な資源をいち早く取込み、さらに一九九〇年代以降は成長性の高いアジアへの投資シフトを強力に進めています。二〇一二年一月に発表された日本での東燃ゼネラル石油との提携関係の見直しもこの一環と考えられます。元来、アジア市場に強かったシェルも、エクソンモービルのこのような攻勢に対抗して、事業構成、地域戦略の見直しを進めています。

ブチルゴムが象徴する伝統

一九三七年にエクソンが開発・企業化したブチルゴムは非常に古い商品ですが、エクソンモービルの石油化学事業の歴史を象徴しているので、最後に紹介します。

スチレン-ブタジエンゴム（SBR）、ブタジエンゴムなどの汎用合成ゴムはブタジエンを主要な原料とします。これに対して、ブチルゴムはイソブチレンを主とし、これに少量のイソプレンを共重合させた合成ゴムです。ガス透過性がきわめて低いのでチューブやタイヤ用インライナーに、また反発弾性がきわめて小さいので工業部品に使われる特殊合成ゴムです。エクソンモービルが、汎用合成ゴムでなくブチルゴムのような特殊合成ゴムに七〇年以上も取組んでいることに、奇異の感を覚えると思います。しかし、イソブチレンの製造法がこの謎を解く鍵です。ナフサ分解ガスのC4留分を硫酸に吸収させたのち、加水分解し蒸留・再生によってイソブチレンを得ます。これは冒頭で紹介した、エクソンが最初にイソプロピルアルコールを得た方法とほぼ同じです。エクソンモービル化学事業の歴史の重みと技術の伝統を感じさせます。

7　ファイザー　新薬開発力より経営力

対照的なファイザーとメルク

世界の化学会社売上高ランキング（二〇一二年）の化学主要分野をみると、上位に医薬品会社がいくつも食込んでいます。ランキング全体では、米国の医薬品会社としては、二位にP&G、三位にファイザー、八位にメルク・アンド・カンパニー（以下メルクと略）、一三位にジョンソン・エンド・ジョンソン、さらにアボット・ラボラトリーズ、イーライ・リリー、ブリストル・マイヤーズ・スクイブ、アムジェン、バクスター、ギリアド・サイエンシズが続き、欧州の医薬品会社九社、日本の五社、イスラエルの一社と併せるとランキング八五社中二五社が医薬品会社です。その中で、売上高でも、研究開発力でも、米国の代表的な医薬品会社といえば、長らくメルクでした。ファイザーは、一九七〇年代までは経営状態はよいが、製薬会社としては三流というのが大方の見方でした。

しかし、図11に示すように、ファイザーは一九九〇年代から急成長し、売上高五〇億ドルから一九九〇年代末には一五〇億ドルになりました。さらに二〇〇〇年代にも成長が続いて、二〇〇四年から米国はもちろん、世界トップの医薬品会社に躍り出ました。一九九〇年代は新製品開発による内部成長ですが、二〇〇〇年代の成長はおもにM&Aによりました。二〇〇〇年ワーナー・ランバート、二〇〇三年ファルマシア、二〇〇九年ワイスと米国の大手医薬品会社を立続けに買収して、図11にみるように階段状に成長を続け、二〇一二年売上高は約六〇〇億ドルになっています。

一方、メルクは規模を追うというよりも新薬開発で着実に成長する堅実な会社でした。しかし、二〇〇四年にバイオックス事件（医薬品副作用問題）を起こし、長年築き上げてきた信用を一挙に失い低迷しました。その対応が進捗した二〇〇九年に、今までの内部成長の方針を変更してシェーリング・プラウ（米国）の大型買収を行うことによってファイザーを急追しています。

最初は食品添加物会社

ファイザーは一八四九年ニューヨークで創業しました。渡米したばかりのドイツ人青年チャールズ・ファイザーといとこの菓子職人チャールズ・エアハルトが、苦くて飲みにくい中東産植物から抽出した駆虫薬サン

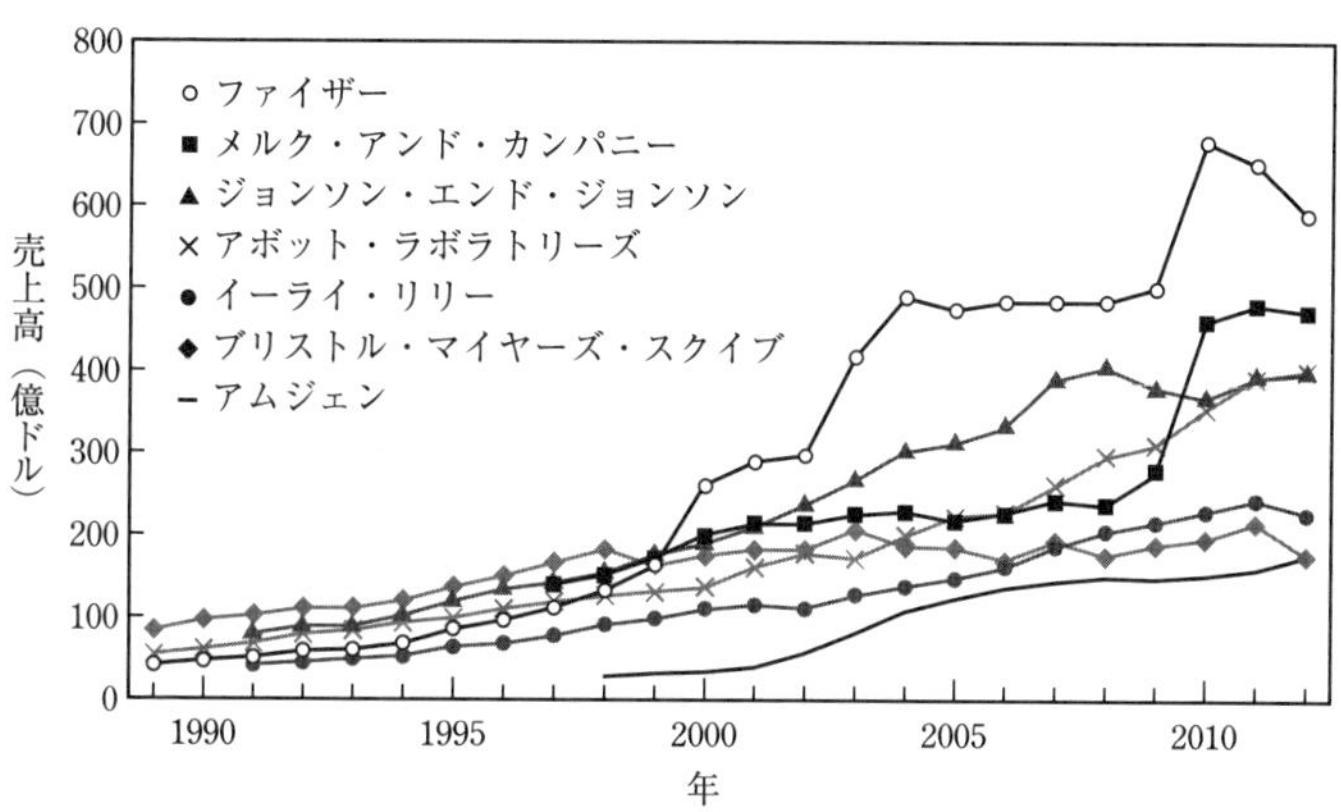

ジョンソン・エンド・ジョンソンのみ医薬品＋消費財，他社は全社売上高．

図 11　米国主要医薬品会社の売上高推移

トニンを飲みやすいキャンディーコーンにして成功しました。その後、南北戦争（一八六一～一八六五年）後の米国の工業化の進展による経済急成長の波に乗ってヨード剤、ホウ酸、ショウノウ、酒石酸などに事業を広げ、一八八〇年に始めたクエン酸事業が主力製品になりました。クエン酸は、医薬品やソフトドリンク用の食品添加剤で、レモン、ライムから抽出して製造しました。

しかし第一次世界大戦により輸入柑橘類が高騰したため、会社経営は大打撃を受けました。これに対して、ファイザー社は砂糖を原料に発酵によるクエン酸製造法を研究し、大量生産技術を確立することによって難局を切抜けました。

この技術進歩がつぎの飛躍につながります。一九三五年にはビタミンCの生産を始め、さらにビタミンB_2、B_{12}、Aなどに拡大してビタミンの世界トップ企業になり、一九四〇年代にはクエン酸とビタミンの二本柱の会社になりました。

ペニシリンによる飛躍

ペニシリンの開発物語は、英国のフレミングによるアオカビからの発見（一九二九年論文発表）、それから十年以上経ってからの英国オックスフォード大学のフローリ、チェーンらによるペニシリン単離、臨床研究が有名です。しかしペニシリンの工業生産は、第二次世界大戦という特殊事情の下で米国政府主導によってメルク、ファイザー、スクイブ（現在のブリストル・マイヤーズ・スクイブ）三社を中心として多くの米国の医薬品会社の参画により達成されたことは、あまり知られていません。特にファイザーは、深部発酵法技術によってペニシリンの大量生産への道を拓き、第二次世界大戦中

表16　ファイザーの主力医薬品の変遷　(1990年代まではR. M. カンターほか,「イノベーション経営」, 日経BP社 (1998) により一部修正して作成, 2000年代は筆者作成)

年 代	製　品†1	効　用	もとの販売会社†2
1940	ペニシリン	抗生物質	
1950	テラマイシン	抗生物質	
1960	ダイアビネス	糖尿病薬	
1970	ミニプレス シネカン	心臓血管病用 中枢神経用	
1980	**フェルデン** グルコトロールXL **プロカーディアXL**	抗炎症剤 新陳代謝・糖尿病用 心臓血管病用	
1990	カルデュラ **ノルバスク** **ジフルカン** ザイスロマックス **バイアグラ** **ゾロフト**	心臓血管病用 心臓血管病用 真菌感染症用 抗生物質 ED治療用 中枢神経用	
2000	**リピトール** **セレブレックス** **キサラタン** **ザイボックス** **ジェノトロピン** **リリカ** **スーテント** **デトロール** **エンブレル** **プレベナー** **エフェクソール** **プレブナール** **プレマリン**	心臓血管病用 抗炎症剤 緑内障用 抗生物質 成長ホルモン 末梢神経性疼痛用 抗がん剤 頻尿用 関節リウマチ 肺炎ワクチン 中枢神経用 肺炎ワクチン 更年期障害	WL PM PM PM PM PM WY WY WY WY WY

†1　太字は売上高十億ドルを超えた商品. ただし買収後に超えた場合も含む.
†2　空欄はファイザーが販売開始, WLはワーナー・ランバート, PMはファルマシア, WYはワイスがファイザーによる買収前から販売.

には最大のペニシリン製造業者になりました。

米国政府によるペニシリンプロジェクトは、ファイザーのみならず、多くの米国医薬品会社が、医薬品事業で飛躍するきっかけとなりました。ファイザーも創業以来約百年間行ってきた製品のバルク売り（原薬売り）から、ペニシリンについては自社ブランドの包装による自販に切替え、また新規医薬品の研究開発を始めることにより、本格的に医薬品事業に乗出しました。この成果はすぐに現れ、世界中から集めた土壌から新規抗生物質が見つかりました。一九五〇年に販売を開始したテラマイシンです。この天然抗生物質を化学修飾して生み出されたテトラサイクリンは、スペクトル（適用対象領域）の大きな抗生物質となりました。

傑出した売り方のうまさ

テラマイシンの成功以後、一九五〇～一九八〇年代までは、表16に示すようにファイザーにヒット商品が少ないことが目に付きます。この時代は、ペニシリン系、テトラサイクリン系以外にも、アミノグリコシド系（ストレプトマイシンなど）、セフェム系、カルバペネム系など多くの新しい系統の抗生物質が生まれています。しかし抗生物質時代の初期に大成功したファイザーは、その後、新規分野の開拓では目立ちません。

ファイザーの歴史を調べると、この時代に研究開発以外で注目されることが二つあります。一つは、現在の医薬情報担当者（ＭＲ）に相当する制度を一九五〇年につくったことです。テラマイシンの認可が下りたとき、特殊トレーニングを受けた営業担当者がファイザーブランドの最初の新製品について医師たちを啓蒙するために奔走したといいます。この販売・マーケティング組織は先進的といえるもので、のちに業界最良の組織との評価を受けることになったと自社の歴史の中で述べています。

もう一つは、一九五〇年代に、米国の医薬品会社として最も早く国際展開し、成功したことです。日本でも、一九五三年にファイザー田辺、続いて一九五五年に台糖ファイザーを設立しました。二〇世紀初めから日本で活動していたドイツのバイエルが、一九四五年連合国軍総司令部（GHQ）命令で締出され、活動再開が一九六二年になった空白期間でした。

一九五〇～一九七〇年代の新製品低迷期を経て、一九八〇年代に、ファイザーでは初めてのブロックバスター（年間売上高一〇億ドル以上の医薬品）となるフェルデンを生み出したのに続いて、一九九〇年代にはつぎつぎと自社開発のヒット商品を打出し、急成長します。その効用分野をみると、抗生物質が対象とするような急性疾患ではなく、高血圧、糖尿病のような慢性疾患であり、市場規模が非常に大きいことが特徴です。

さらに二〇〇〇年代に行われたM&Aでは、買収後大きな商品に育っていったワーナー・ランバートのリピトールやファルマシアのセレブレックス（もとはファルマシアが合併したモンサントが開発した商品）にみられるように、販売提携によって数年間扱い、商品の将来性を確信したうえで企業ごと買収して目的とする商品を手に入れ、もとの企業以上の大きな商品に育て上げた例がいくつも生まれました。もっともこの裏には買収された企業の営業、MRのリストラ悲劇があります。

このようにファイザーの本当の強みは、研究開発力というよりも、マーケティング力にあるように思えます。

政治力

もう一つ注目されるのは、意外に思われるかもしれませんが、政治力です。一九七〇年代には、ファイザーのプラット会長はカーターおよびレーガン両政権における大統領通商交渉審議会議長に就任し、一九八〇年代から明確となった米国政府のプロパテント（知的財産権の強化）政策の推進者となりました。また米国医薬品業界へのさまざまな批判が高まった二〇〇〇年代にはファイザーのマッキンネル会長が米国経営者の集まりであるビジネスラウンドテーブルの議長（日本経団連会長みたいなもの）となっていることも注目されます。

医薬品工業というと研究開発にばかり目がいきがちです。しかし新薬の承認をはじめとするさまざまな規制、医療保険制度や薬価問題、米国国立衛生研究所（ＮＩＨ）に代表される政府による研究助成など、医薬品工業ほど政府の関与が大きな化学産業分野はありません。特許期間やゲノム特許問題（どこまでが特許対象になりうるのか）にみられるように、知的財産権制度は医薬品工業の基盤です。ファイザーの代々の経営トップは、政府との関係の重要性を十分に認識し、主体的に活動してきたといえましょう。

医薬品業界に訪れた大きな転換点

一九九〇年代、二〇〇〇年代に急成長したファイザーは、二〇〇六年ピーク時の売上高一二九億ドル（二〇一二年で三九億ドル）の超大型商品リピトールの特許が二〇一一年に切れたことに代表される「医薬品の二〇一〇年問題」（二〇一〇年前後に大型医薬品の特許切れが集中する一方、後継大型薬の誕生が大幅に減少）への直面がしばしば話題になります。しかしファイザーは二〇一〇年前後だけの短期の問題ではなく、創薬技術と医薬品市場の二つの視点からもっと大きな転換点を迎えていると考えられます。

合成からバイオへ　企業買収の加速

　表17に日本製薬工業協会ホームページに載っている「二〇世紀を代表する医薬品」を示します。一九世紀末に誕生した医薬品工業は創薬技術によって現在まで大きく四つの時代に区分できると思います。

　最初は民間療法薬や栄養剤などの有効成分を解明、合成し、必要に応じて化学修飾する時代です。バイエルのアスピリンやビタミン剤、ホルモン剤が代表例です。その延長線上に表17に示す化学療法剤が生まれました。人類を長年苦しめてきた感染症に対して初めて根本的に治療する合成医薬品

表17　20世紀の代表的な薬（日本製薬工業協会のホームページより作成）

区　分	医薬品名	発見年	発見者	工業化会社
化学療法剤	サルバルサン	1909	エールリッヒ（独） 秦佐八郎（日）	ヘキスト（独）
	サルファ剤	1935	ドーマク（独）	IG（バイエル）（独）
抗生物質	ペニシリン	1928	フレミング（英）	ファイザーなど米国医薬品会社
発症メカニズムに基づく創薬	β 遮断薬	1965	ブラック（英）	ICI（英）
	H_2 遮断薬	1976	ブラック（英）	スミスクライン&フレンチ（米）†
バイオ医薬品	ヒトインスリン（遺伝子組換え）	1982	ボイヤーら（米）	ジェネンテック（米）

†　スミスクライン＆フレンチは，1982年にベックマン・インスツルメンツと合併し，スミスクライン・ベックマンとなる．

の誕生です。

つぎは一九四〇年代に始まる抗生物質の時代です。ワクチンとともに感染症に対する強力な防波堤がつくられました。カビなどの生物の生産物を探索することによる創薬です。

一九六〇年代には生命活動に対する理解が飛躍的に深まり、医薬品づくりは新しい時代に入りました。発症メカニズムに基づく創薬の時代の到来です。受容体のような標的となる分子を特定し、それに選択的に結合する低分子化合物を探索するという創薬技術です。その最初の成功記念碑がβ遮断薬とH_2遮断薬です。この創薬技術によって、それまでは対症療法しかなかった慢性疾患をも対象とする医薬品が多数開発されるようになり、一九九〇年代、二〇〇〇年代にはブロックバスターがつぎつぎと誕生するようになりました。しかし近年「医薬品の二〇一〇年問題」が盛んに取上げられたように、この第三の時代も大きな鉱脈をかなり掘り尽したのではと懸念されています。

第三の時代には、発症メカニズムの解明とそのメカニズムの中でどの段階の何を標的に選択するかが重要になりました。医学・生物学との結びつきが高まり、有機合成技術をもっているからといって化学会社が単純には創薬で通用しなくなりました。この結果一九八〇年代から、化学会社からの医薬品事業の分離独立や売却が盛んになりました。

一九八〇年代からはバイオ医薬品が誕生しています。その最初の記念碑が遺伝子組換え技術によるヒトインスリンです。二〇一〇年問題を境に、第二世代のバイオ医薬品といわれる抗体医薬品や核酸医薬品(いずれも高分子医薬品)が第四の時代を本格的につくるかどうか注目されています。二〇〇九年のワイス買収は、大型商品を手に入れるだけではなく、第四の時代を拓くための技術を入手することも目的であるといわれています。ファイザーに限らず、近年多くの大手医薬品会社が同様の目的でバイオ医薬品会社やバイオベンチャーのM&Aを行っています。

拡大する新興国市場

西欧や日本では公的医療費の増加抑制のために公定薬価引下げが進められ、医薬品市場の成長率が一九九〇年代から鈍化しました。一方、米国は、長らく世界最大の医薬品市場（世界の半分近くを占める）であり、しかも需要成長率が高いために世界の医薬品会社にとって最も魅力的な市場でした。

ところがさすがの米国市場も二〇〇〇年代には年々成長鈍化が明白になり、二〇〇八年には世界市場の四〇パーセントを割込むまでになりました。民間医療保険にも、公的医療保険にも入れない無保険者の増加に対して、二〇一〇年三月オバマ政権は医療保険制度改革法を成立させました。これは米国が抱える医療保険制度問題解決の入り口に着いた程度に過ぎませんが、今後の米国の医薬品市場には大きな影響を与えると予想されます。

一方、二〇〇〇年代には世界の医薬品市場の成長牽引車として、東欧、日本を除くアジア、中南米がクローズアップされるようになりました。日本を除くアジアと中南米の世界市場に占める割合は、二〇〇二年の一四・九パーセントから二〇〇八年には一九・六パーセントにまで増大し、二〇〇八年日本市場一〇・〇パーセントの二倍にまで成長しました。これに対応して先進国医薬品会社は一斉に新興国市場への展開を進めています。この面では、早くから国際展開を進め、マーケティングにも強いファイザーは、大いに活躍できると予想されます。

一九九〇年代以来進めてきたブロックバスターに依存する経営方法では、ファイザーくらい大きな売上規模の医薬品会社になると、常時一五個以上のブロックバスターをもち続けないと安定した経営ができません。しかし、創薬技術の面でも、またM&A対象となる会社探しの面でも、このハードルはますます高くなっています。技術と市場の大きな転換点を迎えて、ファイザーがどのように経営方法を変えていくのか注目されます。

8　ロシュ　いち早くバイオ医薬へシフト

黒船来航のショック

二〇〇二年スイスのエフ・ホフマン・ラ・ロシュ（以下ロシュと略）による中外製薬の買収は、日本の医薬品業界ばかりでなく、広く日本の化学業界に大きなショックを与えました。すでに一九九〇年代から、医薬品を含めて欧米の化学業界では、大きな再編成が起きていました。しかし日本の化学業界では、欧米の再編成は依然として対岸の火事と思われていました。

日本の医薬品市場は、規模では米国に次ぐ世界第二位を誇っていましたが、厚生省（当時）の長年にわたる護送船団行政によって、外国の医薬品会社にとって参入しにくい状態が続いていました。一九八〇年代のバイオテクノロジーブームによって、日本の化学・食品会社にも医薬品分野に新規参入を図ろうとする企業が多数生まれ、厚生省の不透明な許認可行政に対する批判が日本国内でも高まっていました。

そのような状況下で日本の大手医薬品会社の一つで一九二五年創業の中外製薬の過半数の株式がスイスのロシュに渡り、そのグループの傘下になったことは、日本の医薬品業界に参入する道が開けたとの印象を強く内外に与えました。ほかの日本の大手医薬品会社もM&Aの標的になっているとの噂が飛交い、グローバル化の波が日本にも押寄せていることを認識させました。このショックをきっかけにして日本の医薬品業界の再編成が急速に進みました。

ロシュだけが合併せず

ロシュは、欧州の大手医薬品会社五社のうちの一社です。欧州では、一九九〇年代から現在も続く大規模な再編成で、ロシュ、ノバルティス、アストラゼネカ、グラクソ・スミスクライン、サノフィという大手五社が誕生しました(図12)。この五社のうち四社が同じような規模の会社が合併して生まれたのに対し、ロシュのみが大きな合併を必要とせず、社名も企

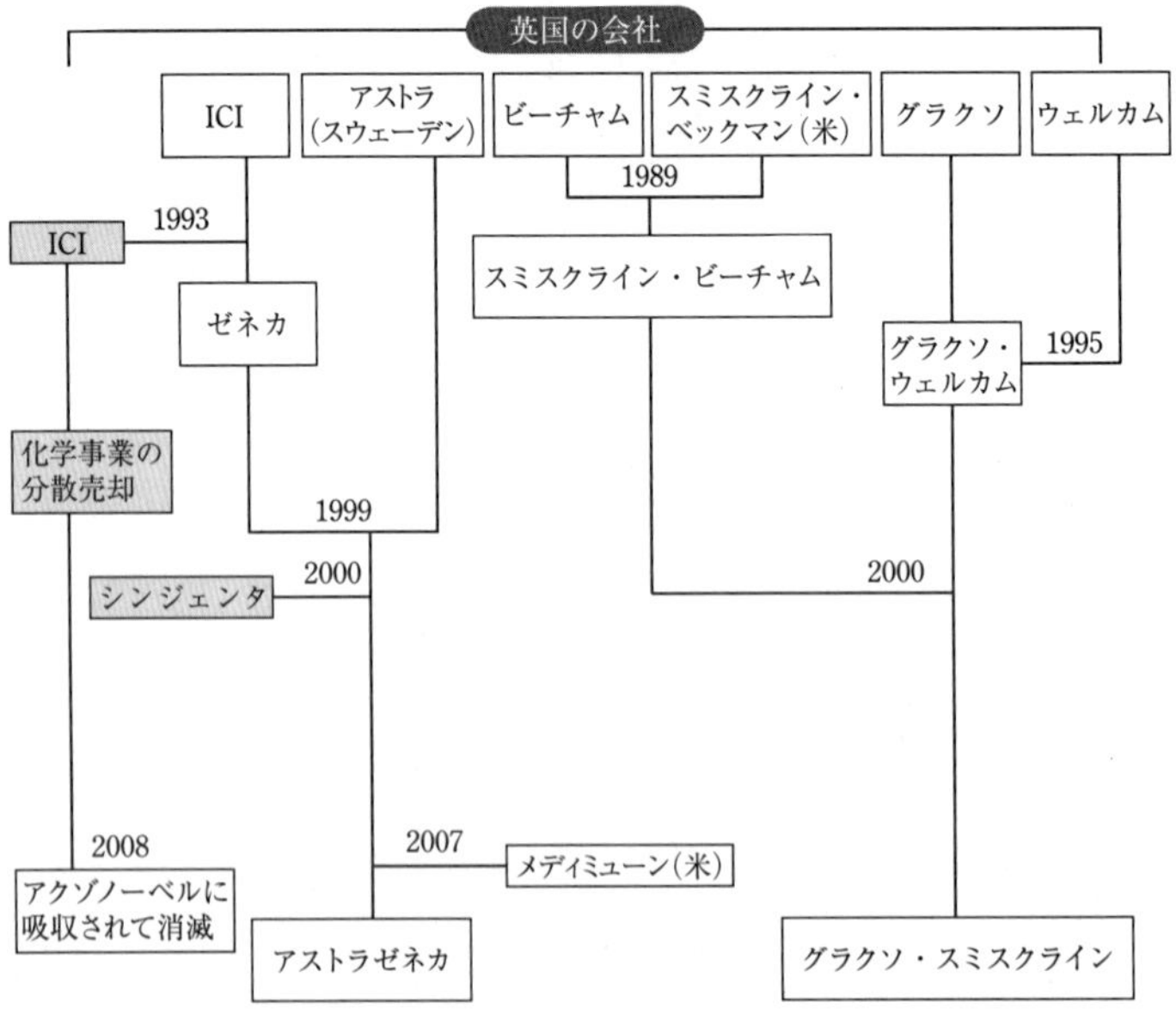

灰色塗りつぶしは，医薬品以外の化学事業を主体とする

図12　1990～2000年代欧州医薬品会社の大規模な再編成

業文化もそのまま継続しています。これを可能にしたロシュの企業文化をみていく前に、まず、欧州医薬品会社の大再編成をざっとみていきます。

大規模な再編成の始まりは、一九八九年に行われた英国のビーチャムと米国のスミスクライン・ベックマンの合併でした。つづいて一九九三年に英国の名門化学会社ＩＣＩが、医薬・農薬・バイオ事業の会社ゼネカとそのほかの化学事業を担う会社ＩＣＩに企業分割しました。このような、医薬事業とそのほかの化学事業への分離・分社化の動きと、医薬品会社の大規模な再編成は、米国、英国にとどまらず、フランス、ドイツ、

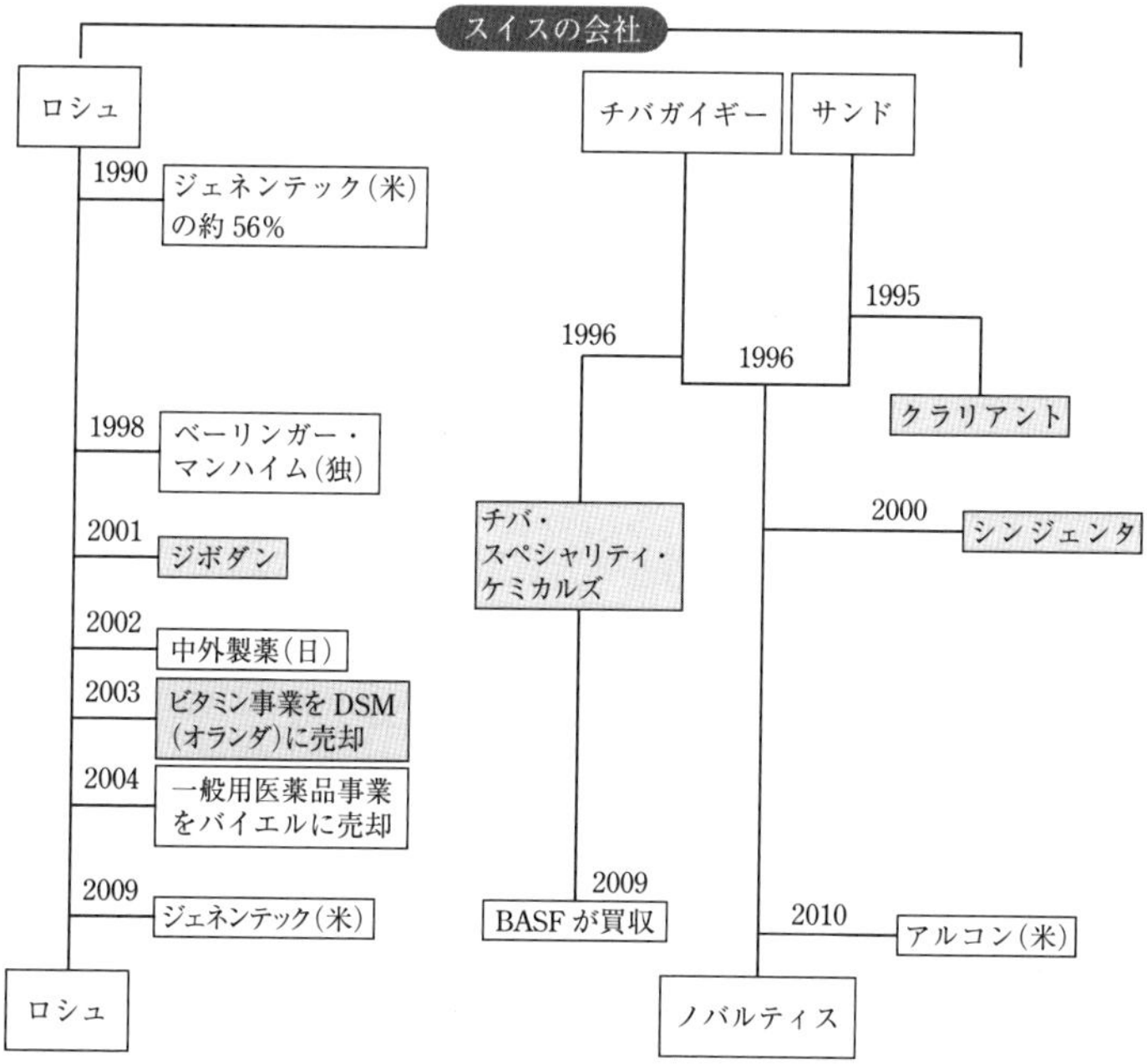

図12（つづき）

スイス、スウェーデンと欧州全体に広がっていきました。

分社化した化学事業専業会社としては、世界のアグリビジネスのトップ企業シンジェンタ、世界最初の合成ゴム製造会社バイエルの伝統を受け継いだランクセス、サンドのスペシャリティケミカル事業を分社化したクラリアント（その後、ヘキストのスペシャリティケミカル事業やドイツの有名な触媒会社ズード・ヘミーを買収）のように、特定の化学分野で世界の大手企業になっている会社も数社あります。しかし多くの化学品事業は分散して売却され、あるいはチバ・スペシャリティ・ケ

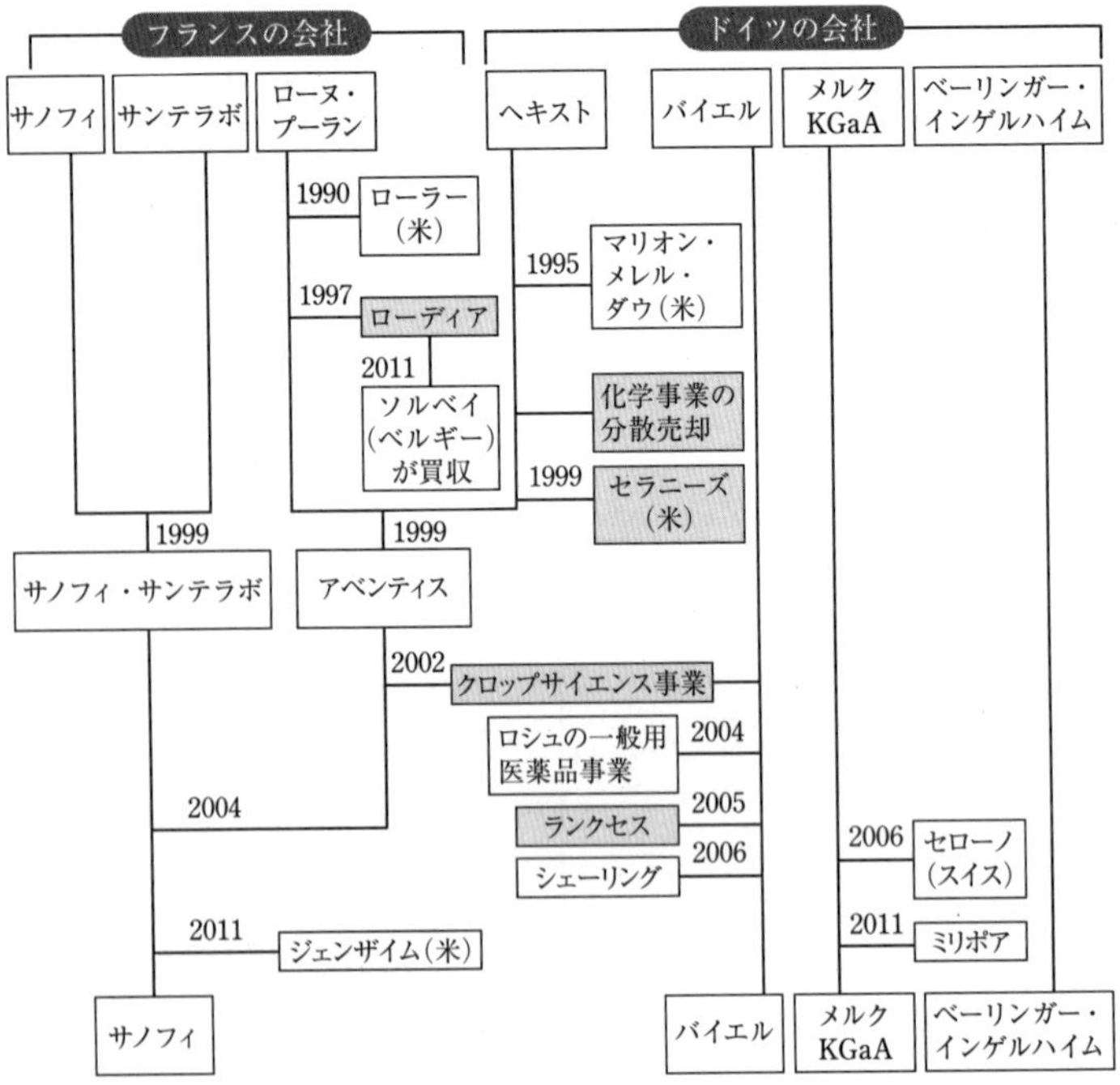

図12（つづき）

ミカルズ、ローディアのように会社ごと買収されていきました。

一方、医薬品会社の大規模な再編成の結果として、米国のファイザー、メルク・アンド・カンパニー、ジョンソン・エンド・ジョンソンなどのトップ医薬品会社と並ぶ巨大な医薬品会社が欧州に五社生まれ（ロシュ、ノバルティス、アストラゼネカ、グラクソ・スミスクライン、サノフィ）、三〇〇億ドルから六〇〇億ドルの売上高で激しく競合しています（図13）。

二〇世紀初期から一九八〇年代まで医薬品の代表国であったドイツの医薬品会社が、トップのバイエル（ヘルスケア）、ベーリンガー・インゲルハイム、メルクKGaAですら一〇〇億ドルから二〇〇億ドルの売上規模で、欧州大手五社に大きく引き離されていることは注目されます。

その一方で、欧州大手五社のうち二社（ロシュとノバルティス）がスイスのバーゼルに本拠を置いていることが目につきます。

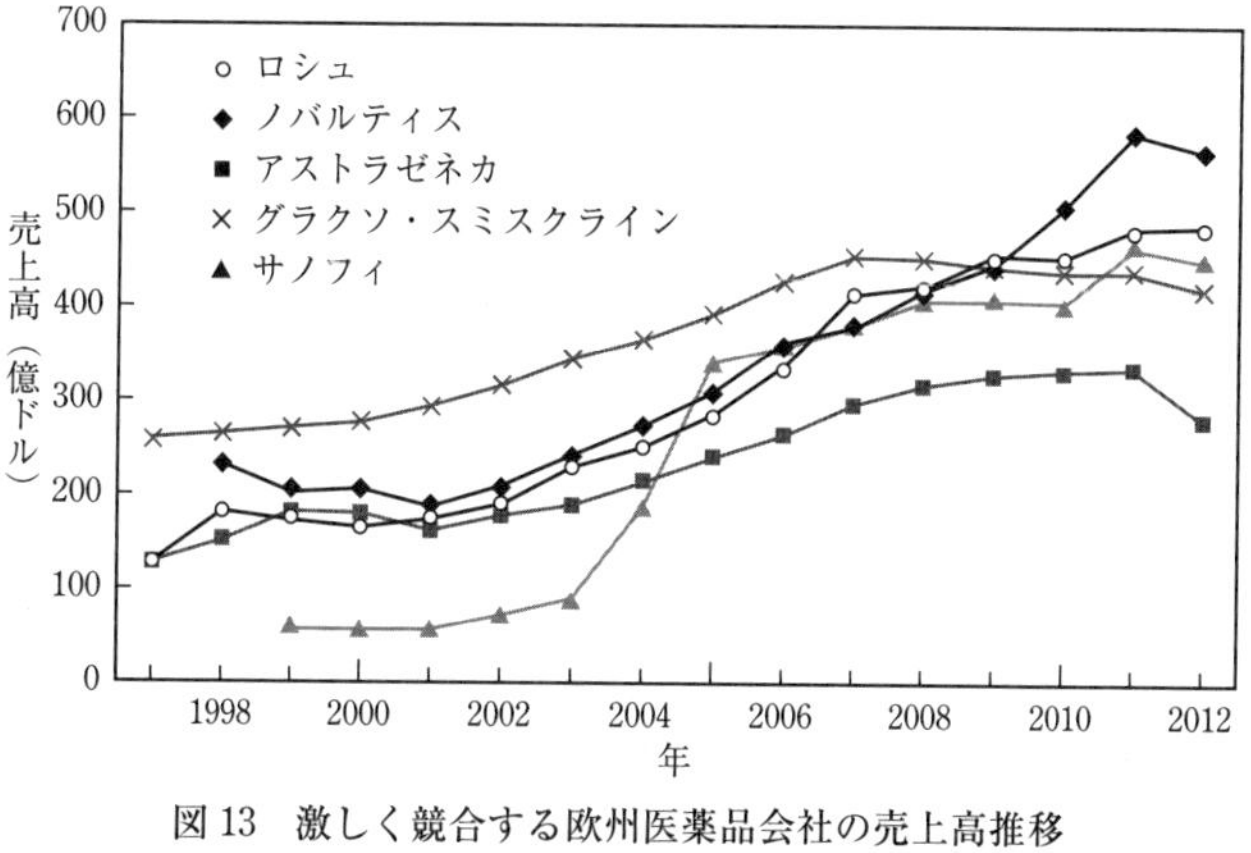

図13　激しく競合する欧州医薬品会社の売上高推移

小国スイスに大手二社

　しかし、この二社の企業文化はまったく異なります。ロシュは、一八九六年にフリッツ・ホフマン・ラ・ロシュがバーゼルで設立しました。ホフマンが姓、ロシュは妻の実家の姓で、夫の姓に妻の実家の姓をつけて呼ぶ習慣に由来します。当時の医薬品は、植物や動物組織から有効成分を抽出・濃縮した生薬《しょうやく》でした。まだ手作業によって薬局でそのような医薬品をつくっていた時代に、フリッツ・ホフマンはいち早く工場生産によって一定品質の製品をつくり始めました。最初の製品は甲状腺調製剤でしたが、創業年に発売した傷口消毒薬アイロールがヒットしました。つづいてせき止めシロップ、ジギタリス心臓薬、鎮痛睡眠剤、てんかん薬などを一九一二年までに順調に開発・発売して事業を拡大していきました。最初の合成医薬品は一九二〇年発売の鎮痛鎮静催眠剤アロナールでした。

　一方、ノバルティスのもととなったガイギー、チバ、サンドの三社は、ドイツのＢＡＳＦ、バイエルなどと同じく合成染料会社からスタートしました（正確には、ガイギーは一七五八年に生薬、天然染料を扱う薬種商から始まり、その後、合成染料の製造に移行）。そして第一次世界大戦によってドイツ染料の輸出ができなくなった期間に、スイスが合成染料の大輸出国の地位を占めるまでに三社は大きく成長しました。その後、合成医薬品、農薬、エポキシ樹脂などに事業構成を拡大していきます。ドイツで一九一六年にタール染料製造業利益共同体（カルテル段階のＩＧともいわれ、一九二五年にカルテルからもう一段進んだ企業合同によってＩＧ染料工業を生む前身となった）が形成されると、一九一八年にはスイスの合成染料三社も利益共同体をつくり、一九五〇年までの長い期間続けました。

このように、ロシュとノバルティスのもととなった三社は、発祥もその後の経緯もかなり異なります。

医療品輸出国の光と影

スイスは小国です。このためロシュは傷口消毒薬アイロールが成功すると一八九六年には早くもドイツのグレンツァッハに工場をつくり、また製品数が増えた第一次世界大戦前には、欧州主要都市はもちろん、ニューヨーク、横浜にも販売拠点を設置しました。

ロシュの二〇一一年地域別売上高は、スイスがわずか一パーセントにすぎず、欧州が三五パーセント、北米が三六パーセント、日本が一〇パーセント、そのほかのアジアが九パーセントというように、現在でも世界を市場としています。このような傾向は創業当初からありました。

スイス医薬品工業は、スイス第二位の雇用吸収力をもつ産業であり、スイスは世界有数の医薬品輸出大国です（日本は医薬品の輸入大国）。一方、スイス国内医薬品市場は、世界の一パーセントにも満たない規模ですが、その国内市場の七割を輸入品が占めています。このようにスイスの医薬品市場は内外に広く開かれた状態であり、グローバル経営は、スイス企業の宿命です。

しかし、このようなグローバル経営は、島国根性の染付いた日本にはできない芸当と嘆く必要はありません。NIH、ロシュのバーゼル研究所、日本ロシュの研究所、ヘキスト・ジャパンなど、海外あるいは外資系企業で長らく働かれた丸山博巳氏（揺籃期のバイオテクノロジーのリーダー、二〇〇六年故人に）は、日本人に島国根性があるように、スイス人には山国根性があるという面白い指摘をされています。小さな村に分断された山国で育ってもグローバルな活動・発想をする人や企業は生まれるのです。

ところが、グローバル化はよい面ばかりではありませんでした。第一次世界大戦時には、ドイツでの製品不買運動、ロシア革命によるロシア市場の喪失などで、ロシュは第一回目の経営危機に陥りました。それでもロシュは一九二九年に米国のナトレーに工場を建設し、米国での現地生産を本格化させました。発展が期待された日本市場にも一九二四年にエヌ・エス・ワイ合名会社を設立して製造許可を得て本格的に活動し、一九三二年にはこれを日本ロシュと改名しています。

ロシュは、一九三三年に工業化したビタミンCによって経営危機を脱出し、つづいて各種ビタミンの工業化によって主要なビタミン製造会社としての地位を固めました。しかしビタミン事業への過大な依存を避けるためにほかの医薬品の研究開発も進め、一九五〇年代に精神安定剤（トランキライザー）として知られる一連の抗不安薬で大成功を収め、ビタミンと並ぶ第二の柱としました。

ロシュを襲ったダイオキシン事故

ロシュは一九四五年に化粧品会社パンテーンを設立し、医薬品事業からの多角化を始めました。二本柱ができて経営が安定した一九六〇年代には多角化を積極的に行い、一九六三年には香料生産の世界最大手であるスイスのジボダンを、さらに翌年にはフランスの香料会社ルール・ベルトラン・デュポンを買収しました。一九六八年には診断薬部門を立上げ、病院や診療所のために臨床分析を行うサービスラボ事業を目指しました。農薬事業も開始しました。

ところが、ジボダンの子会社ＩＣＭＥＳＡのイタリアのセベソにある農薬（枯葉剤）工場で一九七六年に化学反応の暴走によりダイオキシンを含むエーロゾルが放出され、周辺数村に及ぶ大規模な高濃度ダイオキシン汚染事故が起きました。有名なセベソ事故です。ICMESAや地元当局の初期対応の失敗に加えて、事故発生六年後の一九八二年には汚染土壌を保管したドラム缶が行方不明になり、数カ月後にフランスで見つかり、フランス・イタリア両政府の対立にまで発展するという大問題になりました。ICMESAの親会社であるジボダンのみならず、さらにその親会社であるロシュが乗出して、汚染土壌の最終処理など損害救済対応を行うことになりました。

この一連の事故をきっかけに世界の化学産業にとっても重要な欧州共同体（EC）のセベソ指令（一九八二年、大規模災害対策）とバーゼル条約（一九八九年締結、日本では一九九二年有害廃棄物の輸出入規制法で発効）が生まれています。ロシュにとって第二回目の経営危機をもたらした事故でした。

一九八〇年代にロシュは事業構造改革に取りかかります。一九八三年には化粧品会社パンテーンを米国のリチャードソン・ヴィックスに売却（その後、P&Gがリチャードソン・ヴィックスを買収）するなど多角化事業を整理して、医薬品、ビタミン・ファインケミカル、診断、香料の四つの強力な事業に集約し、一九八九年には持株会社に移行しました。

ノーベル賞受賞者を輩出するアカデミックな雰囲気

スイスは現在、世界でも有数の医薬品研究開発拠点です。スイス連邦工科大学（ETH）をはじめとする優れた大学研究センターと、多数の中小バイオテクノロジー企業が集積しています。ロシュは、一九〇九年発売の鎮痛睡眠剤をベルン大学病院と連携して開発し、また経営危機を救ったビタミンCの工業生産もライヒスタイン（ETHチューリッヒ校、一九五〇年ノーベル賞）の提案した合成法によるものでした。

このようにロシュは早くからアカデミアと連携するとともに、一九六八年には米国のナトレーに分子生物学研究所、一九六九年にはスイスのバーゼルに免疫学研究所を立上げるなど、アカデミックな基礎研究を社内でも行うようになりました。バーゼル免疫学研究所の活動からは、一九八四

表18　ロシュの革新的な製品例

年	製品	注
1933	ビタミンC	
1960	ベンゾジアゼピン系化合物	トランキライザー
1962	フルオロウラシル	最初の抗がん薬
1970年代初	「マドパー」（レボドパ）	パーキンソン病治療薬
1982	「ロセフィン」（セフェム系）	抗生物質
1980年代央	「ロフェロン」（インターフェロンα）	C型肝炎などの治療薬
1996	「インビラーゼ」（HIVプロテアーゼ阻害薬）	エイズ治療薬
1997	「リツキサン」（リツキシマブ，モノクローナル抗体）	非ホジキンリンパ腫治療薬
1998	「ハーセプチン」（トラスツマブ，モノクローナル抗体）	転移性乳がん治療薬
1999	「タミフル」（ノイラミニダーゼ阻害薬）	経口インフルエンザ処置薬
2004	「アバスチン」（ベバシズマブ，モノクローナル抗体）	大腸がんなどの治療薬
2008	「アクテムラ」（トシリズマブ，モノクローナル抗体）	関節リウマチ治療薬

年ノーベル賞のイェルネ、ケーラー、一九八七年ノーベル賞の利根川進が生まれています。社員がノーベル賞受賞に至るようなアカデミックな研究を企業内で行うことは、下手をすると企業の経営効率を低下させることにもなりかねません。前述のロシュの研究所で働いたことがある丸山博巳氏もこの点の難しさを語っています。しかしつぎに述べるロシュの企業文化がこの難しいバランスを支えてきたように思えます。

なぜバイオ医薬へ素早く転換できたのか

ロシュは「ヘルスケア業界をリードする革新的な企業」、「医学における多くの飛躍的な発展を推し進めるパイオニアであり続けてきた」と自らが述べているように、既存品を改良した二番手製品でなく、真に新しい革新性の高い製品を生み出すという企業文化を強くもち続けてきました。そのいくつかの例を表18に示します。

一九九〇年代にロシュは米国のシータス社からポリメラーゼ連鎖反応（ＰＣＲ）法の世界販売権を取得し、またドイツのベーリンガー・マンハイム社を買収して診断事業を強化しました。診断事業では、昔からの研究用機器・研究用試薬、検査施設用機器・検査用試薬、糖尿病ケアに加えて、遺伝子診断と病理診断も大きく育ってきました。

「医薬品の二〇一〇年問題」が盛んにいわれ、低分子医薬品の鉱脈を掘り尽くしたのではと懸念される中で、ロシュはいち早く一九八〇年代からバイオ医薬品へのシフトを強力に進めてきました。これには分子生物学研究所や免疫学研究所の成果が大いに生かされ、また一九九〇年に約五六パーセントの株式を取得して子会社化した米国の有名なバイオベンチャーであるジェネンテックも大きく貢献しています。一九八〇年代に事業化されたインターフェロンなどの第一世代バイオ医薬品に続いて、一九九〇年代後半からは、第二世代バイオ医薬品である抗体医薬品が続々と発売できるようになり、最近のロシュのブロックバスター群の主力を分子標的薬が占めるようになりました。「医薬品の二〇一〇年問題」とは、当時すでに別次元にいました。

このような事業内容の変化を受けて、二〇〇〇年代前半には、世界最大の香料メーカーであるジボダンを分離して香料事業を切り離し、またかつての柱事業であったビタミン・ファインケミカル事業も売却し、さらに医薬品の中の一般用医薬品事業も売却するという思い切った構造改革を実行しました。現在のロシュは医療用医薬品事業と診断事業に集中し、この二つの事業を融合させることでテーラーメード医療（個別化医療）を追求することを宣言しています。ロシュは、ますます革新志向、未来志向を強めているといえましょう。

9　アムジェン　バイオベンチャーは生き残れるか

バイオベンチャーは意外と小粒

アムジェンは、ファイザー、ロシュといった歴史ある医薬品会社ではなく、米国ナスダック（世界最大のベンチャー向け株式市場）に上場されている世界最大のバイオベンチャーです。創業後まだ三〇年強ですが、その売上高は、現在では日本最大の医薬品会社（創業以来二三〇年以上）である武田薬品工業に匹敵する規模になっています。

米国では一九七〇年代以後ベンチャー設立が盛んに行われ、現在も続いています。その中心分野は、バイオテクノロジーと情報テクノロジー（ＩＴ）です。しかし二〇一二年時点で株式が公開されている主要なベンチャー（他企業の子会社でない独立企業）をこの二分野で比べてみると、表19に示すようにバイオベンチャーの規模は、ＩＴベンチャーに比べて非常に小さく、しかも売上高五〇億ドルを越える規模にまで成長した企業数も少ないことがわかります。その中でアムジェンは、健闘している数少ない独立バイオベンチャーといえましょう。

九年間商品なし

アムジェンは、一九八〇年にボウズを中心とする少数のベンチャーキャピタリスト(ハイリターンを狙うリスク資金の提供者)によってAMGen(Applied Molecular Genetics)として米国で設立されました。ボウズは、すでに一九七〇年代にシータス社を設立し、経営に関与したことのある、バイオ分野での経験豊富なベンチャーキャピタリストでした。

一九七〇年代には、シータス、ジェネンテック、バイオジェンなど有名な第一世代のバイオベンチャーがボストン(マサチューセッツ工科大学、ハーバード大学周辺)やカリフォルニア州(カルフォルニア大学、カリフォルニア工科大学周辺)に設立されました。アムジェンは、それよりも一時代遅く、ジェンザイム、ジェネティックス・インスティテュート、カイロンなどとともに第二世代のバイオベンチャーといえます。

表 19　ナスダック上場の有名なベンチャー

ベンチャー企業		設立(年)	2012 年売上高(億ドル)[†1]
バイオ	アムジェン	1980	173
	ギリアド・サイエンシズ	1987	97
	バイオジェン・アイデック	2003[†2]	55
IT	アップル	1976	1365
	マイクロソフト	1981	737
	アマゾン・ドット・コム	1994	611
	ヤフー	1995	63
	グーグル	1998	502
	フェイスブック	2004	51

†1　アップルは 2012 年 6 月期，マイクロソフトは 2012 年 6 月期，ほかは 2012 年 12 月期.
†2　1978 年と 1985 年設立企業が合併.

アムジェンが実質的な活動を始めて約三年経った一九八三年には、アムジェンの研究者林坤(Fu-Kuen Lin・台湾)がヒトエリスロポエチン遺伝子の単離(クローン化)に成功します。これが、一九八九年に米国食品医薬品局(FDA)の承認を得て、アムジェンとして初めて工業化された商品であるエポジェン(表20)につながりました。

したがってアムジェンは、一九八〇年の設立以来一九八九年まで、ひたすら研究開発と生産設備投資という資金支出活動のみで、販売収入がほとんどない苦しい時期が続いたことになります。さらに、エリスロポエチンについては、同じバイオベンチャーであるジェネティックス・インスティテュートとの激烈な特許係争が起こり、一九九〇年代にアムジェンが最終的に勝利するまで続きました。また、米国医薬品会社大手のジョンソン・エンド・ジョンソンとの間でも、長年にわたり、

表20 アムジェンの主要製品

商標名(一般商品名)	説　明	FDA 承認年
・エポジェン(エポエチン) ・アラネスプ(ダーベポエチンアルファ)	エリスロポエチン(赤血球産生促進ホルモン)製剤で貧血治療用	1989 2001
・ニューポジェン(フィルグラスチム) ・ニューラスタ(ペグフィルグラスチム)	サイトカインの一種. 顆粒球コロニー刺激因子(G-CSF)で好中球(白血球の一つ)減少症治療用	1991 2004
・エンブレル(エタネルセプト)	関節リウマチ治療用抗体医薬品	1999
・センシパー/ミンパラ(シナカルセット)	低分子薬. 腎臓疾患透析患者の副甲状腺亢進症治療薬	2004
・ベクティビックス(パニツムマブ)	結腸・大腸がん治療用抗体医薬品	2006

エポジェンの営業範囲、営業方法などについて訴訟合戦が続きました。このような係争は、医薬品業界ではしばしばあることながら、創業期のアムジェンには、大きな負担でした。

しかし、その間にも、エリスロポエチンの将来性を見込んで一九八四年には早くも日本のキリンビール（現在のキリンホールディングス）と合弁会社キリン・アムジェンを設立し、将来の大量生産のための技術開発と設備投資への準備を始めました。さらに一九八五年にはアムジェンの研究者スーザがヒト顆粒球コロニー刺激因子遺伝子の単離に成功し、これが一九九一年にFDAの承認を得るニューポジェン（表20）となります。ニューポジェンの工業化もキリン・アムジェンで行い、エポジェンとともに一九九〇年代のアムジェンの成長をもたらす二本柱となりました。

ベンチャー成功の鍵は資金調達

バイオベンチャーというと、大学などの研究者が将来有望となる技術を開発し、これを企業化するために、資金提供者を探しながら会社を設立したものというイメージを常識的には考えます。特に株式公開を行うときには、二〇一二年五月に上場したフェイスブックの例にみるように、ベンチャーが提供する、あるいは近い将来提供しうる具体的な商品候補を示し、これが株式市場で高く評価されることが必要と考えられます。

しかしアムジェンの創業は、そのようなバイオベンチャーのイメージとはかなり異なりました。アムジェンを創業したのは、研究者ではなく、ベンチャーキャピタリストたちでした。しかもこの創業者たちは、名づけた社名が示すように「遺伝子組換え技術の応用」という漠然としたコンセプトはもっていましたが、具体的な研究テーマつくりは、新会社が設立する科学アドバイザリーボードに任せることにしました。ボードメンバーの人選に当たって、ボウズはカリフォルニア大学ロサンゼルス校（ＵＣＬＡ）の分子生物学者サルザーの助力を借りました。

そのような作業を行ったうえで、新会社のＣＥＯには、ラスマンを選任しました。ラスマンは、一九五一年から二〇年強米国の３Ｍで働き、一九七五年からは米国医薬品会社であるアボット・ラボラトリーズの検査薬・機器事業で働いていた物理化学出身者でした。バイオテクノロジーの専門家ではありません。

ラスマンは、就任後すぐに研究者を採用し、科学アドバイザリーボードが決定したテーマに沿って研究開発活動をスタートさせました。しかし、活動開始早々にボードメンバーの意向を受けて、サルザーを排斥してしまいました。バイオテクノロジーに関して卓越した知見をもった研究リーダーが引っ張っていくという通常のバイオベンチャー像とは、アムジェンの経営はかなり異なります。ラスマンは、研究至上主義に陥らず、企業内のあらゆる力を結集して、できるだけ早く企業化を目指すという企業文化をアムジェンにつくり上げることに努めました。その際に、長年働いた３Ｍ社の企業文化をモデルとしました。

それとともに、ラスマンは、企業活動を進めるに当たって資金調達が重要であることを十分に心得、就任早々から資金調達に走り回りました。最初はベンチャーキャピタルや直前まで勤めていたアボット・ラボラトリーズから資金調達することができました。しかし、多くの研究開発活動が本格化すると、この方法では行詰まりました。この苦境に対して、ラスマンは、ベンチャーの先輩格であるジェネンテックが株式公開によって資金調達を行ったことを見習って、一九八三年に株式公開によって四二〇〇万ドルを調達することに成功しました。

ラスマンがのちに語ったところによれば、このときには、まだ具体的な商品候補を挙げることはできず、ひたすら第一世代バイオベンチャーであるジェネンテックやバイオジェンとは違って、アムジェンが第二世代のバイオベンチャーであり、より強力な遺伝子組換え技術をもっていることのみを強調したといいます。すでにエリスロポエチン遺伝子の単離には成功していたものの、ラスマン自身もその将来性は、並行して研究開発が進んでいた石油を分解するバクテリア（石油井からの採掘量を増量させる）などとまだ優劣を付けられなかったと述べています。

アムジェンというバイオベンチャーは、医薬品の開発・製造販売というビジネスモデルを選択するのか、あるいは検査キットや研究・分析機器、データ解析のような立上がりの早い技術集約商品の販売というビジネスモデルでいくのかも、まだ決まっていない状態で株式公開に成功したということになります。株式市場からの資金調達は、その後、一九八六年、一九八七年にも成功しました。

同じころ、ジェネンテックは、一九八二年にヒトインスリンを遺伝子組換え技術によって製造する方法を確立しました。しかし、その技術はイーライ・リリーに供与されて工業化されました。また一九八六年に特許を取得したインターフェロンの製造技術もロシュに譲渡しています。このように、多くのバイオベンチャーが、資金調達に苦しみ、せっかく確立できた技術も、大手企業に譲渡・供与することで資金を回収するというサイクルに入ってしまい、自社開発技術による製品の生産・販売というサイクルになかなか入っていけなかったのに対して、アムジェンの資金調達のうまさは、当時のバイオベンチャーとしては異例であったといえましょう。

バイオ医薬で急成長

アムジェンは、一九八九年六月にエポジェンの初出荷を行って、医薬品会社として本格的な生産・販売活動に入ると、二年後にはニューポジェンも加わって、早くも一九九二年には売上高一〇億ドルに到達し、注目されました。図14に示すように、一九九〇年代の二製品に加えて、二〇〇〇年代にはアラネスプ、ニューラスタ、エンブレルの三製品も加わって、一九九〇年から二〇〇五年までの一五年間に年率二七パーセントの急成長を続けました。こうして二〇〇〇年代半ばには売上高が一四〇億ドルを越え、バイオベンチャーというよりも、世界の大手医薬品会社の一角に仲間入りする企業になりました。

アムジェンは、成長期においてもバイオベンチャーとしては異例なほど堅実な道を選択しました。医薬品の臨床開発において、いきなり幅広い効能を追いかけて、開発範囲を広げるのでなく、まず狭い範囲でFDAの承認

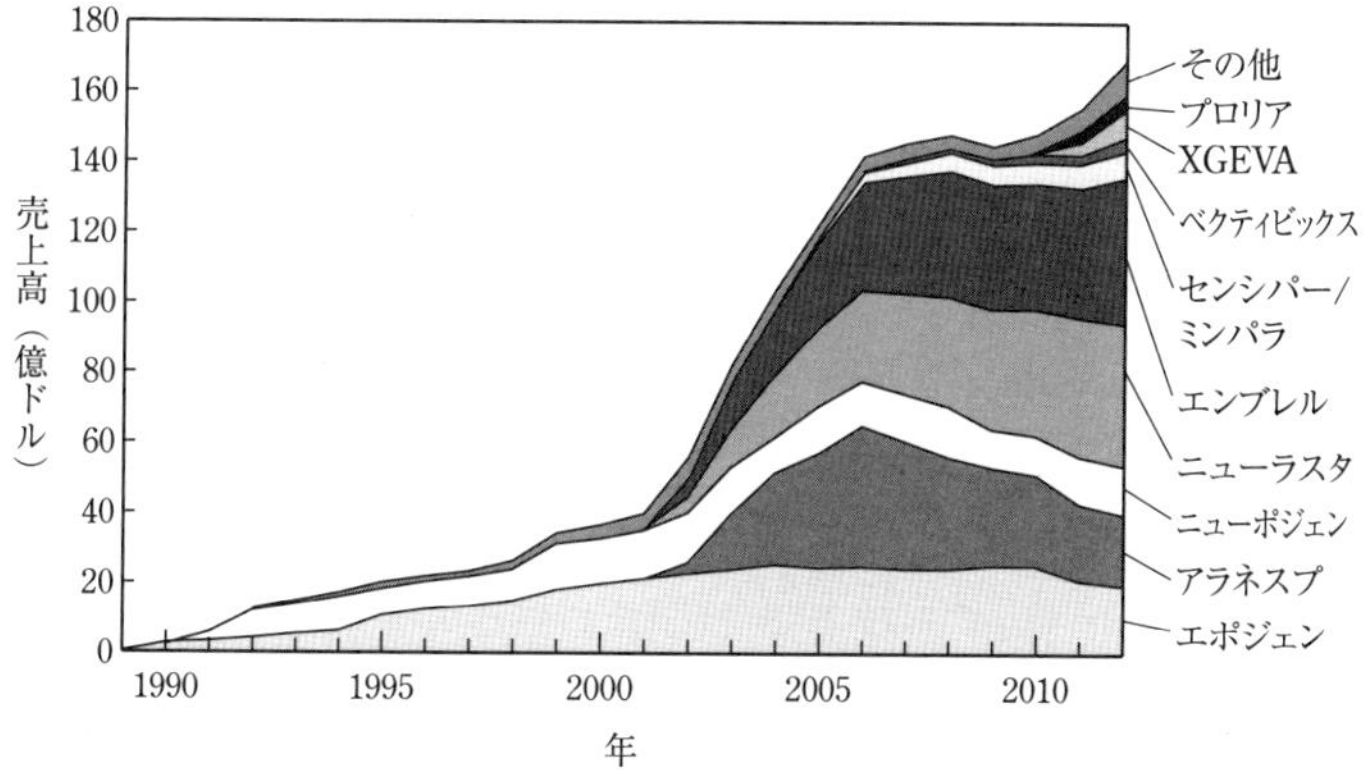

図14　アムジェンの主要製品別売上高推移

を得て早期に工業化を図り、その後、適用範囲や承認国を逐次拡大していくという方法です。ニューポジェンの例では、一九九一年に初めて承認を得たあと、一九九三年、一九九四年、一九九五年、一九九八年と拡大しています。エポジェンも同様でした。

さらにエポジェンが開拓した貧血治療分野、ニューポジェンが開拓した好中球減少症治療分野について、引続きバイオ新薬の開発を続け、アラネスプ、ニューラスタという新商品を開発して追加投入していることです。エポジェンが最初に開拓した腎臓疾患透析患者という市場についても、アムジェン得意のタンパク質高分子医薬品でなく従来型の低分子医薬品になりますが、副甲状腺亢進症治療薬センシパー（表20）を開発しています。

バイオベンチャーというと、すでに紹介したジェネンテック（一九八二年糖尿病治療薬ヒトインスリン、一九八五年成長ホルモン、一九八六年インターフェロン、一九八六年血栓溶解剤など）のように、つぎつぎに生まれてくる研究シーズに挑戦し、まったく違う市場に開発した製品を投入していくという華々しい会社のイメージがあります。しかし、成長期のアムジェンは、いたずらに技術だけを追わず、市場を重視して、その深堀りや周辺拡大に力点をおいています。

さらにアムジェンは、バイオベンチャーとして、非常に早くからほかのバイオベンチャーを買収して、新技術領域を拡大したり、製品開発パイプラインを充実しています。あまりベンチャーらしからぬ行動です。二〇〇二年にアムジェンは、当時第三位の規模のバイオベンチャーであったイムネックスを買収しました（表21）。バイオベンチャーの買収としては、それまでにない大規模な金額となりました。イムネックスは、米国西海岸でも、シアトルに本拠を置く会社で、すでに一九九九年にリウ

表21　バイオベンチャーに対する主要なM&A事例

年	被買収バイオベンチャー（発祥拠点，設立年）	買収企業	買収額（億ドル）
1990	ジェネンテック（米国東，1976）60 %	ロシュ（スイス）	21
1991	シータス（米国西，1971）	カイロン（米）†1	7
1992	ジェネティックス・インスティテュート（米国東，1980）60 %	アメリカン・ホーム・プロダクツ（米）	7
1993	イムネックス（米国西，1981）	レダリー（アメリカン・シアナミド）（米）	9
1994	シンテックス（メキシコ，1944）	ロシュ（スイス）	53
1994	カイロン（米国西，1981）49.9 %	チバガイギー（スイス）	21
1997	ジェネティックス・インスティテュート（米国東，1980）残分	ワイス（米）	10
1999	アグロン（米国西，1984）	ワーナーランバート（米）	21
1999	セントコア・バイオテック（米国東，1979）	ジョンソン・エンド・ジョンソン（米）	49
2001	COR セラピューティクス（米国西，1988）	ミレニアム・ファーマシューティカルズ†1（米）	20
2002	イムネックス（米国西，1981）	アムジェン†1（米）	178
2003	バイオジェン（ジュネーブ，1978）	アイデック・ファーマシューティカルズ†1（米）	合併†2
2004	アイジーン・インターナショナル（米国東，1996）	ロシュ（スイス）	14
2006	カイロン（米国西，1981）残分	ノバルティス（スイス）	51
2007	メドイミューン（米国東，1989）	アストラゼネカ	156
2008	イムクローン・システムズ（米国東，1984）	イーライ・リリー（米）	65
2008	ミレニアム・ファーマシューティカルズ（米国東，1993）	武田薬品工業（日）	88
2008	MGI ファーマ（米国中，1979）	エーザイ（日）	39
2009	セプラコール（米国東，1984）	大日本住友製薬（日）	26
2009	ジェネンテック（米国東，1976）残分	ロシュ（スイス）	468
2010	OSI ファーマシューティカルズ（米国東，1983）	アステラス製薬（日）	36
2011	ジェンザイム（米国東，1981）	サノフィ（仏）	201
2011	プレキシコン（米国西，2001）	第一三共（日）	8

†1　買収企業もバイオベンチャーの場合．
†2　合併後はバイオジェン・アイデックに．

マチ薬エンブレルの承認を得ていました。

実は、アムジェンも、二〇〇一年にリウマチ治療薬としてキネレット（一九九四年に最初に買収したシナジェン社由来の開発製品で、エンブレルとは別の作用機構）の承認を得ていました。しかし、アムジェンは、リウマチ薬をはじめとする抗炎症薬市場の将来性に注目し、エンブレルに乗換えるため一挙にイムネックスの買収を行いました。買収後は、エポジェンなどと同様に、二〇〇二年、二〇〇三年、二〇〇四年と続けざまにエンブレルの適用範囲の拡大を行うとともに、アムジェンのもつタンパク質医薬品生産能力をいかして、エンブレルの大幅な増産も図り、一挙に売上高一〇億ドル以上の商品に育て上げました。こういう点にも、アムジェンの市場重視の特徴があらわれています。

成長に急ブレーキ　打つ手はあるか

しかし、二〇〇〇年代後半には、初期製品の需要成熟化、特許切れに加えて、アラネスプの副作用問題によって、主要五製品の売上が横ばいに転じたため、図14に示すようにアムジェンの急成長は急ブレーキがかかったように終わりました。二〇〇〇年代半ばに投入されたセンシパーや抗体医薬品ベクティビックスなどの新製品（表20）は、期待されたほど急速に伸びず、全体を大きく押上げることができないでいます。

これに対して、アムジェンは、すでに二〇〇〇年代前半から行ってきた、数億ドル規模のバイオベンチャーの買収を、近年非常に活発に行っています。しかしながら、二〇〇〇年代に入って、新薬に占めるバイオ医薬品のウエイトが高まったことから、日本を含む世界の大手医薬品会社もバイオ医薬品の技術や製品開発パイプラインを早急に獲得するために、バイオベンチャーの買収を活発に行うようになり、その金額も数十億ドル以上の大型のものが増加しています（表21）。

したがって、アムジェンにとっても、今後は、バイオ医薬品という同じ土俵上で力をつけてきた世界の大手医薬品会社と競争しなければならないという厳しい環境に立たされています。もはや一九九〇年代から二〇〇〇年代前半のような年率二〇パーセント以上の成長が長期間続くことは期待できなくなったと考えられます。

それとともに、先に述べたナスダック市場で注目される規模にまで成長できるバイオベンチャーが今後は生まれにくく、早々に大手医薬品会社に買収されるという道しかなくなった時代に変わったと考えられます。バイオベンチャーから巨大企業が生まれるという夢は、アムジェンだけで終わりなのかもしれません。

10　モンサント　遺伝子組換え作物ビジネスの雄

アグリビジネスは成長株

農業に対する見方は、世界と日本で大きく異なります。日本は食糧自給率が低く、量的な面の食糧安全保障ばかりでなく、質の面においても食の安全安心に関心が高まっています。ところが農業は若い世代にはまったく魅力のない産業であり、高齢化と後継者難に苦しんでいます。ごく少数の農薬会社を除いて、多くの日本の化学会社にとっても、需要産業としての農業は関心の対象外になっています。

ところが、世界に目を転じてみると、日本の常識とはまったく異なります。世界の大手化学会社は、農業を需要産業とするアグリビジネスを今後の成長分野と考え、研究開発段階から、すでに多彩なビジネス展開を競う段階に入っています。最近はアグリビジネスが、食糧だけでなく、再生可能エネルギーとしてのバイオ燃料（バイオエタノールやバイオディーゼル油）という面からも注目されるようになってきました。モンサントは、新しい形のアグリビジネスの最初の成功モデルを、二一世紀初頭に示した会社です（表22）。

世界有数の巨大化学会社へ

　モンサントは、一九〇一年に人工甘味料サッカリンの製造会社として米国で設立されました。デュポンの創立が一八〇二年なので、ほぼ一〇〇年遅れてスタートしたことになります。発足当初のモンサントの製品を、コカ・コーラがほぼ全量を購入してくれたというエピソードが残っています。

　その後、モンサントは、カフェイン、バニリン、フェナセチン、アスピリンなどを生産するファインケミカル会社として成長していきますが、欧州からの輸入品圧力が強く、第一次世界大戦勃発によって化学品輸入が途絶するまで苦しい時代が続きました。

　しかし創業者ジョン・クイニーが一九二八年に引退し、息子のエド

表22　世界の化学会社のアグリビジネス売上規模
(2012年各社決算報告書より作成)

会　社	国	会社売上高 (百億円)†	アグリビジネス 売上高	農　薬	種　子	肥　料 (百億円)†
シンジェンタ	スイス	113	108	82	26	
モンサント	米　国	108	108	30	78	
ヤラ・インターナショナル	ノルウェー	116	83			83
バイエル	ドイツ	408	79	69	10	
デュポン	米　国	278	83	26	57	
モザイク	米　国	90	90			90
CF インダストリーズ	米　国	49	49			49
BASF	ドイツ	807	48	48		
ダウ・ケミカル	米　国	453	51	40	11	
住友化学	日　本	195	26	26		
FMC コーポレーション	米　国	30	14	14		

†　1ドル＝79.81円，1ユーロ＝102.55円，1NOK＝13.72円で計算.

ガー・クイニーが引継ぐと、モンサントは最初の変身を始めます。一九二九年からの一〇年間で、創業者がせっかく育てた事業を整理するとともに、買収によってゴム薬品、基礎化学品、プラスチック、リン酸塩などの事業をつぎつぎに獲得し、ファインケミカル会社からコモディティケミカル会社に変わりました。ちょうど米国経済が飛躍的に成長した時期でしたので、この変身は大成功し、一九三〇年代にモンサントは大きく成長しました。

第二次世界大戦後も、一九五〇年にアクリル繊維で合成繊維事業に進出し、一九五一年にデュポンからナイロンのライセンスを得てナイロン事業への進出にも成功しました。これをてこに、一九五〇年代にはアクリル繊維の原料であるアクリロニトリルから、さらに幅広く石油化学事業に展開し、一九六〇年代にはメキシコ湾岸に大コンビナートをもつまでになりました。日本には一九五二年に三菱化成工業（現在の三菱化学）と折半出資で三菱モンサント化成を設立して進出しました。戦後、最も早く日本に進出した海外大手化学会社であり、ポリスチレンと塩化ビニル樹脂で有名な会社でした。一九六〇年代には欧州にも進出して幅広く石油化学事業を展開して、一九七〇年代初頭には、デュポン、ダウ・ケミカル、ユニオン・カーバイド（ＵＣＣ）と並んで米国を代表する世界の巨大化学会社の仲間入りをしました。

化学会社の過去と決別

ところが、石油危機を境にモンサントは二度目の変身を始めました。成長力が低下したポリスチレン、石油化学基礎製品・中間化学品などの事業をつぎつぎに売却して撤退しました。デュポン以上に素早い石油化学からの撤退でした。三菱モンサント化成も一九九〇年に解消しています。

一九八五年には人工甘味料アスパルテームの発明・製造会社であるサール薬品を買収し、創業時の人工甘味料事業に戻るのかと思わせました。しかしその予想は大きく外れ、一九九七年にはソルーシアを設立して残っていた化学品・合成繊維部門を完全に分離し、モンサントは農薬と遺伝子組換え作物だけの会社になりました。すでに米国では一九八〇年代に大手化学会社アライド・ケミカルが、化学事業を売却して航空宇宙機器会社に大変身をとげていたので、モンサントも化学会社でなくなるのかと思われました。

その後は、モンサントもソルーシアも、米国の激しい事業環境の嵐の中に突入します。モンサントは、二〇〇〇年に医薬品会社のファルマシアと合併し、アグリビジネスを担う子会社になりますが、二〇〇二年には再び独立します。親会社であったファルマシアは二〇〇三年にファイザーに吸収合併されて消滅します。一方、ソルーシアは、モンサントから引継いだ負債やポリ塩化ビフェニル（PCB）・塩素系農薬副産物（ダイオキシンなど）関連の訴訟コストが大きな負担となって二〇〇三年に会社更生手続きに入ります。アクリル繊維、水処理用リン酸塩などの事業を整理して二〇〇八年にようやく破産管理状態から再生し、自動車用合わせガラスの中間膜で有名なポリビニルブチラールを中心とした機能化学会社に変わりました。その後二〇一二年にイーストマン・ケミカルに買収されました。

化学産業は技術蓄積が重要であり、多くの歴史ある化学会社は、自社の歴史を誇り高く示します。しかし、現在のモンサントのホームページを見ても、一九〇一年の創業は載っているものの、石油化学事業・合成繊維事業で、世界の有数の巨大化学会社であった歴史にはまったく触れていません。ホームページに載せている自社の歴史には、一九四五年に塩素系除草剤で農薬事業を開始したこと、一九六〇年代につぎつぎと除草剤の新製品でヒットを飛ばし、その延長線上に有名な除草剤グリホサート（非塩素系）を上市したこと、一九七〇年代半ばに分子生物学研究を開始し、一九九六年に遺伝子組換え作物を商品化したことだけです。過去の歴史を断絶しようとする強い意志を感じさせます（表23）。

バイオテクノロジーが生み出した除草剤ビジネスモデル

モンサントが示した遺伝子組換え作物のビジネスモデルは、多くのバイオテクノロジー研究者が考えるものとはまったく異なるものでした。除草剤と除草剤耐性作物という組合わせです。一九八〇年代に日本でよく紹介された遺伝子組換え作物は、殺虫成分をつくる遺伝子を組込んだ害虫防除作物です。これは、農薬使用量を減らせる点を大きくアピールできます。

農薬の開発においては、選択性が非常に重要です。除草剤においても、作物を枯らすことなく、雑草のみを枯らす選択性の高い除草剤の開発が競われてきました。しかしグリホサートは非選択性であるため、常識的には非常に売りにくい除草剤のはずです。ところが、モンサントはこれに目をつけて、この除草剤に耐性をもつ植物を求め、耐性をもたらす遺伝子を解明し、その遺伝子を作物に組込んで、グリホサート耐性作物をつくり出したのです。それまでの農薬開発の常識を覆す発想であり、またバイオテクノロジー研究者の常識を超えたビジネスモデルでした。

表23　モンサントのアグリビジネスの歴史と遺伝子組換え作物
（日本モンサントのホームページより一部変更して作成）

年	国	動　き
1865	オーストリア	メンデルが遺伝の法則を発見
1901	米　国	モンサント設立
1953	米　国	ワトソンとクリックがDNA二重らせん構造を解明
1973	米　国	コーエンとボイヤーが大腸菌を使った遺伝子組換えに成功
1975	米　国	モンサントが遺伝子組換え技術の研究開発に着手
1976	米　国	モンサントが除草剤グリホサートを商品化
1984	米　国	初の遺伝子組換え作物としてタバコを開発
1992	中　国	遺伝子組換え作物として初めて「ウイルス病に強いタバコ」を商品化
1994	米　国	遺伝子組換え食品として初めて「日持ちのよいトマト」を商品化
1996	米　国	モンサントが除草剤耐性，害虫抵抗性の遺伝子組換え作物を商品化
1996	日　本	日本で初めて遺伝子組換え作物が食品として認可される．
1997	米　国	モンサント，化学品・合成繊維部門をソルーシアとして分離し，農薬と遺伝子組換え作物事業のみの会社となる．
2000	米　国	モンサント，ファルマシア・アンド・アプジョンと合併
2002	米　国	モンサント，ファルマシアから独立
2003	米　国	遺伝子組換えダイズの作付けが米国で8割に達する．
2005	イラン	世界で初めて遺伝子組換えイネの商業栽培が開始

特許切れで迎えた曲がり角

二〇〇二年にファルマシアから独立したあとのモンサントは、図15に示すとおり毎年一〇パーセント以上の急速な成長を達成しました。二〇一〇年の世界の栽培面積の中で遺伝子組換え作物が占める割合は、ダイズで八一パーセント、ワタで六四パーセント、トウモロコシで二九パーセントに達しました。遺伝子組換え作物の種類も順調に増加し、遺伝子組換えジャガイモが開発されると、遺伝子組換え作物に批判的な風潮が強かった北欧、中欧でも栽培されるようになりました。遺伝子組換え作物の中で、除草剤耐性（ほかの形質を併せもつものも含め）の占める割合は、二〇一〇年で七割以上を占め、モンサントが生み出したビジネスモデルの強さを示しています。

ところがグリホサートの特許が切れるとともに、医薬品業界と同様にグリホサートのジェネリック品が多数生まれたため、モンサントの農薬事業は、二〇〇八年をピークとして急速に悪化しています。売上高が急速に減

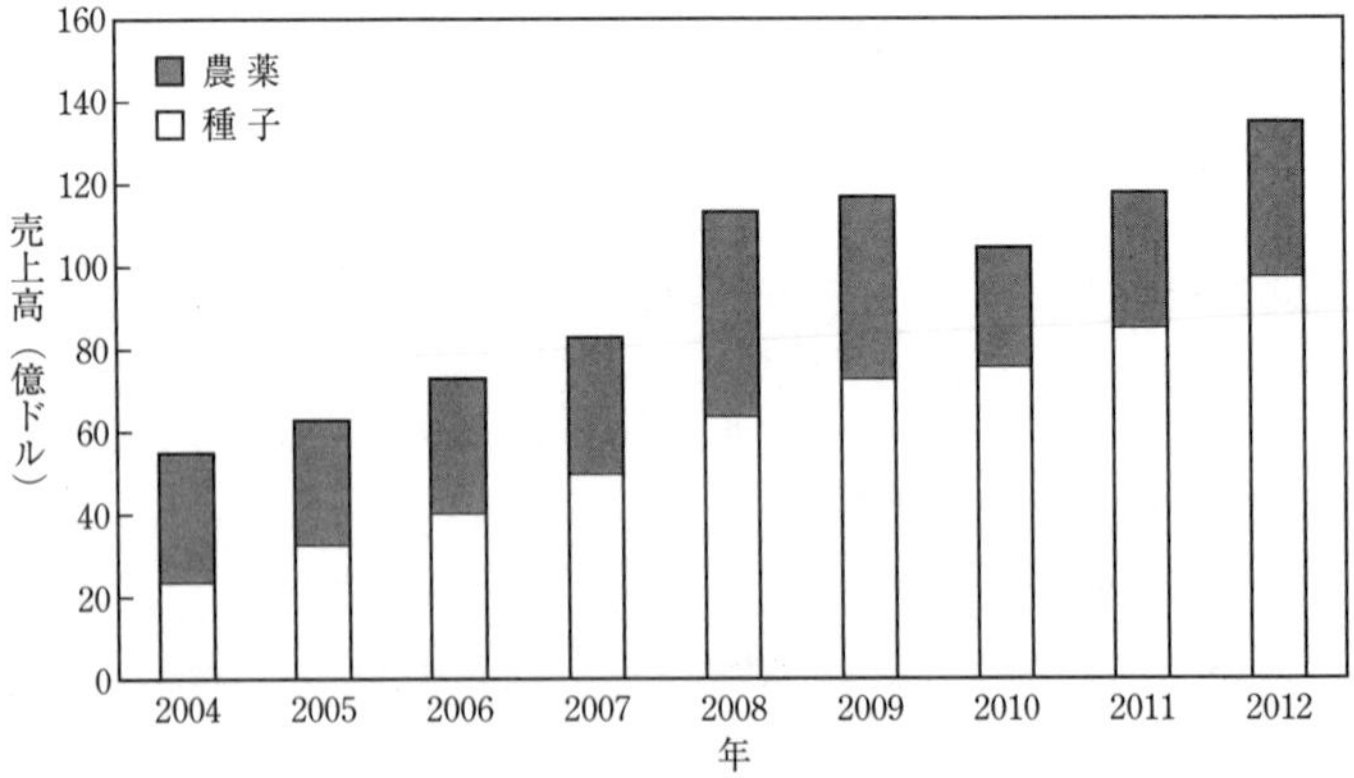

図15　モンサントの売上高推移（決算報告書より作成）

少するとともに、利益も減少し、二〇一〇年の農薬部門のEBIT（利払い前、税引き前利益）は赤字を計上するまでに至りました。モンサントが生み出したビジネスモデルの終了です。

これに対してモンサントは、グリホサートのコストダウンや除草剤耐性と害虫抵抗性を併せもつスタック品の種子を増やすなどの当面の対策を打つとともに、乾燥耐性や窒素有効利用性、第二世代除草剤耐性などの新しい形質をもった、遺伝子組換え作物の開発・普及に努めています。この結果、農薬部門の利益が回復するとともに、種子部門の売上高の伸びに支えられて、全社売上高も再び成長に転じました（図15）。

遺伝子組換え作物に関しては、安全性、生物多様性、貧富の格差の拡大などの視点から、日本はもちろん、世界中でさまざまな議論、批判が行われています。その一方で、急速に増加する人口、耕作地の表土流失問題、バイオ燃料への期待と食糧作物との競合など、農業を取巻く問題解決に新品種作物が必要であることは明らかです。モンサントは、そのような議論・批判を避けることなく、アグリビジネスの先頭に立って進んできた会社です。日本の化学会社には見られない強い信念をもった会社といえましょう。

11　ＰＰＧインダストリーズ　ガラスから塗料へ

米国最大の板ガラス会社の転身

ＰＰＧインダストリーズ（以下ＰＰＧと略）は、米国の大手塗料会社です。塗料は自動車や建築に使われ、消費者が直接手にとる機会があまりないのでなじみの薄い会社名かもしれませんが、世界第二位の塗料売上高をほこります。この会社は一八八三年米国ペンシルヴェニア州にピッツバーグ・プレート・グラスとして設立されました。その名前が示すように板ガラスを製造する会社でした。一九世紀末には米国最大の板ガラス会社となり、その地位は一九八〇年代まで続きました。

米国は二〇世紀早々に世界トップの工業国になり、自動車産業が大発展し、また一九三〇年代には超高層ビルの建設ラッシュを迎えました。このため板ガラス需要が急増しました。第二次世界大戦後も米国板ガラス工業の繁栄は続きましたが、一九八〇年代に米国自動車産業の競争力が低下し、さらに住宅市場も低迷したため、米国の板ガラス市場では競争が激化しました。

ＰＰＧは創業まもなくからガラス原料であるソーダ灰の生産を開始（一八九九年）し、また塗料会社を買収（一九〇〇年）するなど、早くから事業の多角化を始めており、ガラス事業（一九五〇年代からガラス繊維事業を追加）を主体に、化学品事業（塩素・アルカリ系製品、プラスチックメガネレンズモノマーなどの機能化学品）と塗料事業を加えた三本柱による安定した経営を続けてきました。また、米国企業としては最も早く、一九〇二年にはベルギーの板ガラス会社を買収して欧州にも進出しました。このように事業の多角化とグローバル化が進んだために、一九六四年には社名をＰＰＧインダストリーズに変更しました。

一九八〇年代に直面したガラス事業の危機に対して、ＰＰＧは約一〇〇年間続いた主力事業であるガラスから塗料への転換を決意し、図16に示すように約三〇年をかけて名門ガラス会社の看板を捨て、現在では世界第二位の塗料会社、化学品売上高で世界のほぼ五〇位に位置する会社に変身しました。最近のＰＰＧの事業構成を表24に示します。

なぜ板ガラスから撤退したのか

板ガラス工業は、大規模な設備投資を必要とする産業であるために新規参入が難しく、集中傾向が強い産業といわれます。現在でも、世界の普通板ガラス市場では、日本の旭硝子、日本板硝子（二〇〇六年に英国のピルキントンを買収）、フランスのサンゴバンの三

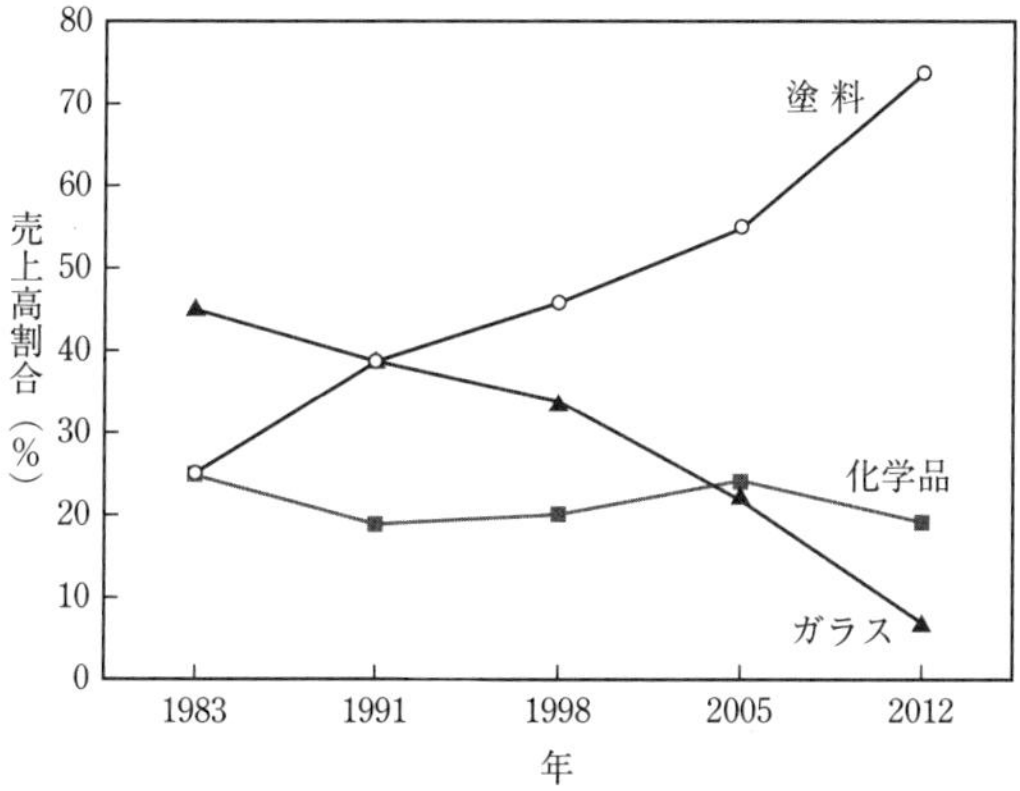

図16　PPGインダストリーズ事業の変化
（決算報告書より作成）

社がトップに並立し、四位米国のガーディアンを含めて上位四社で世界生産量の六五パーセントを占め、また自動車ガラスも旭硝子、日本板硝子、サンゴバンのトップ三社で七〇パーセントを占めます。

ＰＰＧは、かつては世界のトップ三社に入る大きな会社であり、日本の板ガラス会社からは仰ぎ見るような存在でした。そのような会社が、なぜ一九八〇年代に板ガラス事業からの撤退を決意したのか、なかなか理解できません。

一九八〇年代に直面した板ガラス事業の収益性低下危機に対して、ＰＰＧには別の選択肢もあったと思います。塗料事業か機能化学品事業を売却し、その資金を使って、米国市場で二五パーセントのトップシェアをもっていた板ガラス事業のてこ入れをすることです。世界の板ガラス市場は、新興国での自動車・

表 24　PPG インダストリーズの 2012 年事業構成

部　門	主要製品	売上割合(%)
塗料事業		74
機能性塗料	航空宇宙，米国・アジア建築用，自動車補修，防食船舶	31
工業用塗料	自動車 OEM †，工業用，包装容器用	29
建築用塗料	欧州・中東・アフリカの建築用	14
化学品事業		19
光学・特殊材料	プラスチックレンズモノマー，フォトクロミックレンズ，シリカ製品	8
塩素・アルカリ系	カセイソーダ，塩化ビニルモノマー，ホスゲン誘導品	11
ガラス事業		7
ガラス繊維	ガラス繊維，建築用板ガラス	7

†　original equipment market の略.

建築需要の伸びによって成長が続いており、グローバル化による成長追求という選択肢がありました。さらに次世代の新規需要分野として、液晶ディスプレイ向け、さらに将来的には太陽電池向けに超薄板ガラスが伸びることは、関係者にはすでに十分に知られ、期待されていたはずです。超薄板ガラス製造技術としては、米国のコーニングが一九六七年に開発したフュージョン法が有名です。新技術開発・新事業分野開拓による成長追求という選択肢も十分にありえました。しかしＰＰＧは、そのような選択肢をとらず、塗料事業を伸ばす選択肢を選びました。

急速に進んだ板ガラス産業の機械化

ＰＰＧの板ガラス事業撤退の原因を技術面（図17）から考えてみましょう。ガラスは、装飾品や食器・容器としては、紀元前一〇〇〇年以上も前からつくられてきました。板ガラスは、これに比べるとかなり遅く、ようやく紀元前後のローマ時代から窓ガラス用につくられるようになりました。このころは、平たい板（当初は石、のちに鉄製のテーブル）に溶融したガラスを流し込むだけの方法（鋳込み法）なので、泡も表面の傷も多い低品質の小さな厚板しかできませんでした。四世紀ころには吹きガラスを遠心力で円盤状に広げるクラウン法により、きれいな表面をもつ薄板ガラスがつくられるようになりました。しかし、いずれの方法でも小さな板ガラスしかつくれないので、ステンドグラスの窓と同様に、鉛などの金属枠を使って板ガラスを組合わせ、広い面積の窓にしました。

欧州では、窓用だけでなく、鏡用にも板ガラス需要が高まり、より大きな板ガラスへの要求が生まれました。一〇世紀ころには吹きガラス法から大型円筒法（五〇センチメートル×一メートル程度の薄板）が、また一七世紀には鋳込み法からロールがけ法（一・五メートル×二・五メートルの厚板、つぎに磨く工程が必要）が生まれました。しかし、依然として人力による製造法でした。PPGが創業時に採用した技術は、このロールがけ法でした。

板ガラス工業の機械化は、当時の新興国米国で始まりました。PPGが米国板ガラス市場のトップ企業になってまもない時期でした。一九〇三年にアメリカン窓ガラス（AWG）のガラス工であったラバースは、圧縮空気による円筒法吹きガラス技術（ラバース法）を開発し、これをAWGが工業化しました。最初の機械式ガラス製造法です。

これをきっかけに板ガラス工業の機械化は急速に進展し、ガラス平板を溶融ガラスから連続的に直接引上げるフルコール法（一九一三年米国のトレド・ガラスが工業化）、コルバーン法（一九一六年米国のリビー・オーエンスが工業化）、そしてPPGが一九二五年に工業化したPPG-ペンバノン法が相次いで開発され、円筒法は消滅しました。一九五〇年時点の普通板ガラスの世界生産量のうち、約七二パーセントがフルコール法、二〇パーセントがコルバーン法、八パーセントがPPG-ペンバノン法でした。

一方、鋳込み法の機械化は、テーブルに流し込んでロールがけする方法から、一九二〇年代にはロールに直接流し込んで成形する方法に発展しました。この延長線上に生まれた画期的な方法が、英国の板ガラス会社ピルキントンが開発し、一九五九年に工業化したフロート法です。これは溶融ガラスを溶融したスズの上に流し込んで一気にきれいで平坦な板ガラスをつくる方法です。このためフロート法は、短期間に世界中で、直接引上げ法を駆逐していきました。

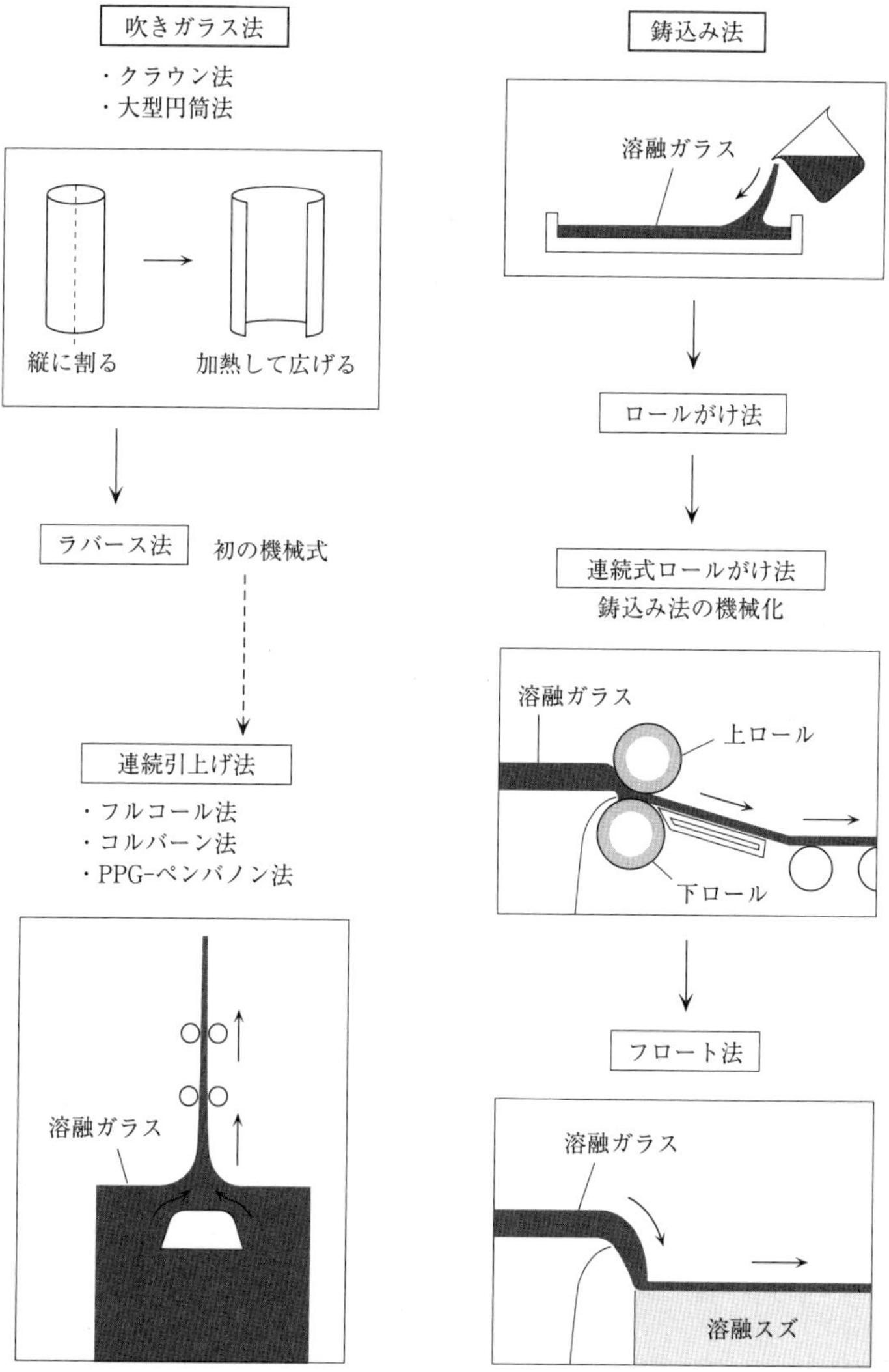
吹きガラス法
・クラウン法
・大型円筒法
縦に割る
加熱して広げる
ラバース法
初の機械式
連続引上げ法
・フルコール法
・コルバーン法
・PPG-ペンバノン法
溶融ガラス
鋳込み法
溶融ガラス
ロールがけ法
連続式ロールがけ法
鋳込み法の機械化
溶融ガラス
上ロール
下ロール
フロート法
溶融ガラス
溶融スズ

図 17　板ガラス製造の機械化

板ガラス製造約二〇〇〇年の歴史の中で、機械化の時代はたった一〇〇年ですが、その間に急速に進歩しました。しかし、米国トップ企業であったＰＰＧの貢献が意外に少ないことは印象的です。ＰＰＧが板ガラス事業で行った大きなイノベーションは、創業時に天然ガスをガラス溶融炉に世界最初に適用したこと、一九二五年に直接引上げ法を開発したこと、一九四〇年代に航空機用積層ガラスを開発したことくらいです。天然ガス利用は立地条件の要素が大きく、それほど独創的な開発とはいえません。また連続式の直接引上げ法が普及する中で、ＰＰＧはバッチ式のロールがけ法からの転換に大きく遅れをとりました。ＰＰＧ-ペンバノン法は開発が大きく遅れたうえに、フルコール法、コルバーン法に比べて、それほど独創的な内容とはいえず、一九五〇年時点での普及率が低いことからも、二法に比べてコスト的にも圧倒的に優れたものとは考えられません。

垣間見える安定志向

ＰＰＧは、ホームページで自社を多様化した会社であると強調しています。確かにＰＰＧの歴史をみると、多様化、多角化による安定志向が創業期から強かったことがわかります。しかし安定志向はよいことばかりではありません。米国をリーダーとして板ガラス製造の機械化が急進展した二〇世紀前半に、ＰＰＧは多角化に傾倒しすぎて、板ガラス事業への集中を怠り、板ガラス事業で圧倒的な力をもつチャンスを逃したのではないか考えられます。一九二〇年代に米国フォード・モーターのヘンリー・フォードが自動車用ガラスを内製化しようと、鋳込み法の連続式機械化に取組み、フォード法とよばれる連続式ロールがけ法を開発しました。この製造法の工業化にあたって、共同開発を申出たのは、米国のＰＰＧではなく、英国のピルキントンでした。こういうところにも、ＰＰＧが板ガラス事業に精力を集中していないことを感じさせます。英国のピルキントンがフロート法を開発したあとは、技術面でＰＰＧの強みはほとんど見当たらなくなりました。

一九八〇年代以降の事業転換過程においても、ＰＰＧの安定志向がみられます。図18に一九九〇年代から二〇〇〇年代におけるＰＰＧの事業別売上高営業利益率を示します。利益率が安定した塗料事業に比べて、化学品事業は上下動が大きく、一方ガラス事業はほぼ一貫して低迷しています。非コア事業と位置づけたものをすぐに売却するという米国企業がよく行うドラスチックな方法をとらなかったことも、安定志向の表れと考えられます。利益率が低いながらも、ガラス事業をキャッシュカウ（追加投資をしないで、キャッシュを稼ぐ分野）と位置づける戦略を長らく続け、このキャッシュで塗料事業がかなり育った二〇〇八年にようやく自動車ガラス事業をファンドに売却して板ガラス事業からほぼ撤退しまし

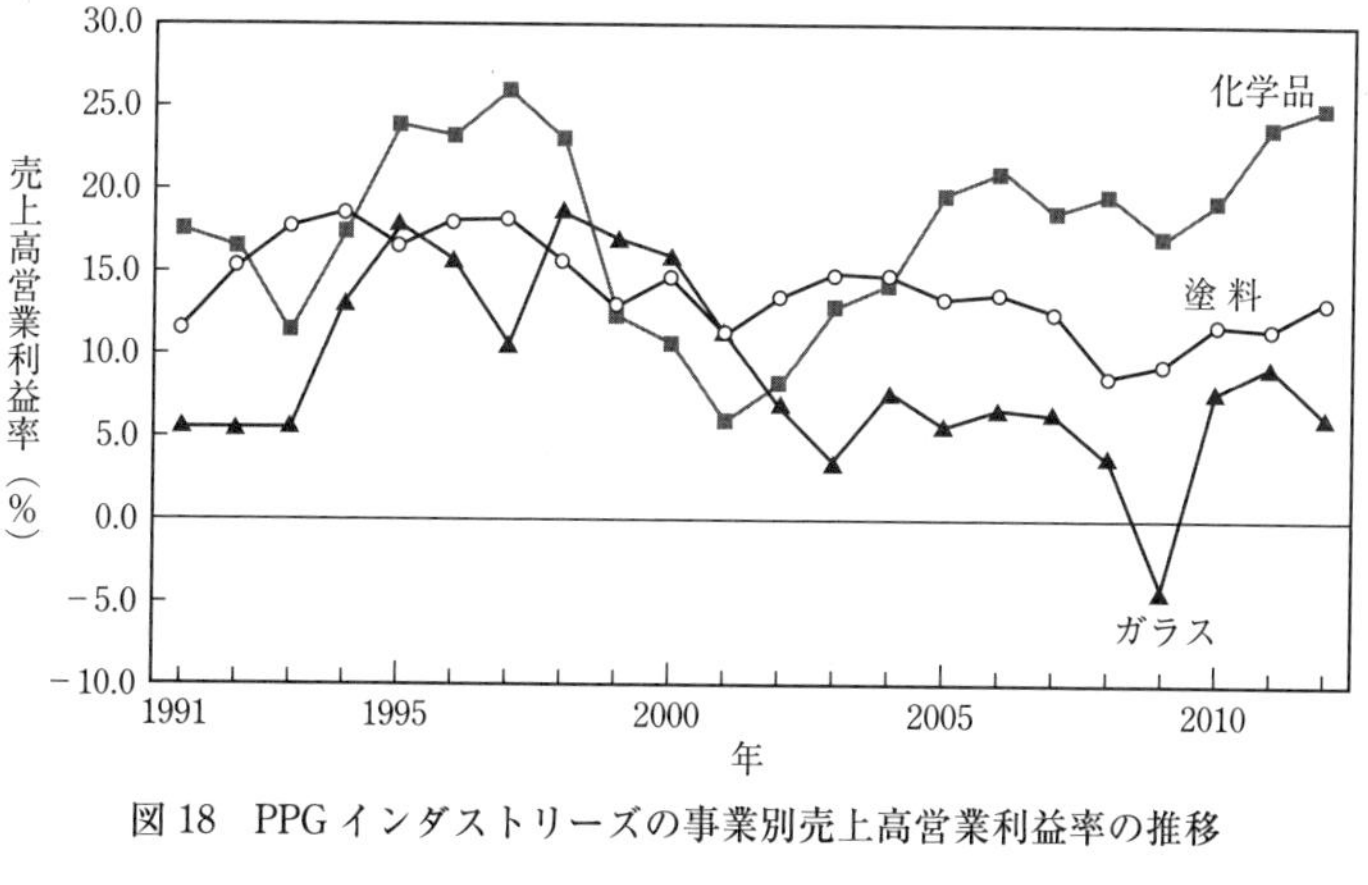

図18　PPGインダストリーズの事業別売上高営業利益率の推移

た。しかし、この時点でもなお売却会社の四〇パーセントの株式を留保するという慎重さです。

塗料業界も波乱の時代

ＰＰＧは、ホームページに掲載している会社の歴史の中で、建築や自動車など板ガラスと共通の顧客をもつメリットから、創業間もない時期に塗料事業にも進出したと述べています。しかし、この説明には説得力があるとは思えません。板ガラスと塗料はあまりに性格の違う事業だからです。事業多角化による安定志向が先にあり、多角化先の一つとして塗料事業を選んだというのが、本音ではないかと思います。

塗料業界は、長年群小乱立の業界として知られてきました。表25に示すように、世界の塗料市場では一九七〇年代まではトップ企業のシェアが三パーセント台という低さで、トップ企業はしばしば交代していました。塗料業界の世界トップレベルは、シャーウィン・ウィリアムズ（米）、バルスパー（米）、ＲＰＭインターナショナル（米）、シグマカロン（オランダ）、日本ペイント（日）、関西ペイント（日）のような塗料専業会社とアクゾ（オランダ）、ＩＣＩ（英）、ヘキスト（独）、デュポン（米）、ＢＡＳＦ（独）、ＰＰＧ（米）のような塗料兼

表 25　世界の塗料市場のシェア分布の変化（化学経済増刊「世界化学工業白書」などより作成）

	1979 年	1988 年	1997 年	2007 年
1 位企業	3.0 %	6.5 %	7.7 %	15 %
2 位企業	2.6 %	3.8 %	6.1 %	11 %
上位 10 社計	20.0 %	29.7 %	43.2 %	55 %†

†　2007 年の上位 10 社計は 9 社，1 位・2 位企業シェアは 2008 年 M&A 完了後の数値.

業会社が一～三パーセント台で激しくシェアを争うという構図でした。このほか、各国に数百、数千の塗料会社がありました。したがって、ＰＰＧの選択は、決して安易な道ではありませんでした。

しかし、塗料業界も一九八〇年代以後、徐々に集中傾向が現われてきました。特に一九九四年にオランダのアクゾとスウェーデンのノーベルが合併してアクゾノーベルが誕生し、またデュポンが一九九八年にへキストから塗料会社を買収するなど、塗料業界でのＭ＆Ａが活発となりました。当時の米国ナンバーワンの塗料会社シャーウィン・ウィリアムズも一九八〇～一九九〇年代に多くの中小塗料会社を買収しました。

ＰＰＧも一九八〇年代に買収攻勢によって工業用塗料事業を固めると、つぎには一九九三年にアクゾから自動車塗料事業を買収するなど、自動車塗料事業の強化とグローバル展開を進め、世界の塗料業界で確固たる地位を築いていきました。二〇〇八年一月にはアクゾノーベルがＩＣＩを買収してシェア一五パーセントとトップに就くと、ＰＰＧも同時期に欧州第二位の建築用塗料会社シグマカロンを買収し、世界シェア一一パーセント、第二位企業になりました。

このように世界の塗料業界トップレベルの会社が中小塗料会社を買収するだけでなく、トップレベル同士でのＭ＆Ａも始まったことにより、世界の塗料業界は波乱の時代に入りました。二〇〇八年の二件の大きなＭ＆Ａで終わらず、今後もなお多くのＭ＆Ａが繰返され、集中化が進むものと予想されます。二〇一二年にはデュポンが塗料事業を米国ファンドグループに売却し、二〇一三年にはシンガポールの塗料会社ウットラムによる日本ペイント買収提案（結局撤回）がありました。その中で、長らく安定志向が強かったＰＰＧが、どのように積極的な経営戦略を打出していくのか、注目されます。

12　アクゾノーベル　欧州名門企業が融合

異彩を放つ欧州北部の企業

一九八〇年代に米国で始まったM&Aの嵐により、米国化学業界では、巨大企業への統合と、特定分野に事業を絞り込んで生き残りを図る企業への分化が進みました。その間に、ストウファー・ケミカル、ユニオン・カーバイド（UCC）、ローム・アンド・ハース（R&H）、ワーナー・ランバート、ワイス（旧アメリカン・ホーム・プロダクツ）をはじめとして、多くの名門企業が消えました。米国発のM&Aの嵐は、一九九〇年代以降、欧州にも飛火し、英国、フランス、ドイツでは、米国の巨大化学企業に匹敵する規模の巨大企業が生まれました。それに対して、欧州北部には欧州中心部の巨大化学企業ほど大きくはないものの、世界の中で存在感をもち続けている名門化学企業が、表26のとおり存在しています。

このような企業は、米国で事業絞り込みによって生き残っている化学企業群（表27）に比べて、ひとまわり大きな規模であり、それぞれの得意分野では、欧州市場はもちろん、米国市場も含めたグローバルな活動によって、世界トップクラスの活動を行っているケースが多数みられます。たとえば、塗料のアクゾノーベル、窒素肥料のヤラ・インターナショナル、インスリンのノボ・ノルディスク、水処理のケミラなどです。このような特徴ある化学企業群は、表27に示すようにスイスにもみられます。

これに比べると、事業絞り込みを行った米国化学企業は、米国巨大化学企業（二〇一二年売上高P&G八三七億ドル、ファイザー五九〇億ドル、ダウ・ケミカル五六八億ドル、デュポン三四八億ドル）に大きく水をあけられるとともに、世界の中でかつてもっていた存在感も薄れた気がします。

欧州に、特徴ある名門化学企業群が生き残っている理由は、EU統合が進んだとはいえ、まだ米国市場のように均一で広大なものではなく、各国が独自の伝統と特徴をもった市場を形成しているためかとも考えら

表26　欧州北部の化学企業

国†	企業名（本社所在地）	備　考
オランダ	アクゾノーベル（アムステルダム）	1994年合併発足
	DSM（ヘーレン）	
ベルギー	ソルベイ（ブリュッセル）	2011年ローディアを買収
デンマーク	ノボ・ノルディスク（バウスヴェア）	1989年合併発足
スウェーデン	旧ノーベル・インダストリーズ（アクゾノーベルとしてアムステルダム）	1994年アクゾと合併
	旧アストラ（アストラゼネカとしてロンドン）	1999年ゼネカと合併
	旧ファルマシア（ファイザーとしてニューヨーク）	2003年ファイザーに吸収合併
ノルウェー	ヤラ・インターナショナル（オスロ）	2004年ノルスクハイドロから分離独立
フィンランド	ケミラ（ヘルシンキ）	

† EUに参加していないのは6ヵ国のうちノルウェーのみ．ユーロを導入していないのはノルウェーに加えデンマークとスウェーデン．

れます。しかし、これら企業も平穏無事に生き残ってきたわけではありません。表26のスウェーデン企業が示すように、米国や欧州中央部に進出したものの、その地の巨大企業に飲込まれた例も多数ありました。

そのような特徴ある欧州北部企業の中から、多くの名門企業が流れ込んで融合した歴史をもつアクゾノーベルを紹介します。

塗料業界の売上ナンバーワン

アクゾノーベルは、一九九四年にオランダのアクゾが、スウェーデンのノーベル・インダストリーズと合併して誕生した会社です。アクゾもノーベル・インダストリーズもあとで述べるように、大変に長い歴史をもった企業です。合併後の二文字のアクゾ・ノーベル（Akzo Nobel）から、二〇〇八年には一文字のアクゾノーベル（AkzoNobel）に改名しました。この間には、さらに英国の有名な化学会社コートルズとＩＣＩの買収がありました。現在のアクゾノーベルは、この四つの大きな流れが合流してでき上がりました。したがって、この小さな改名は、Ｍ＆Ａと事業分割・売却によって、多くの企業・事業が流入し、また流出した歴史の上に、新たな統一した企業体として一つの目標点に到達したことを、企業内外に明確に示したいという意図がありました。

二〇一二年のアクゾノーベルの売上高は一九八億ドル、その内訳は六四パーセントが塗料、三六パーセントがスペシャリティケミカル製品（紙薬品、界面化学品、硫黄化学品、エチレンアミンなど）です。世界の塗料市場でトップを占めるのみならず、もう少し細かな製品ごとにみても、世界市

表 27　欧州北部化学企業とスイス化学企業，米国の事業絞り込み化学企業との比較（各社決算報告書より作成）

	企業名	2012 年売上高（億ドル）†	主要製品
欧州北部	アクゾノーベル	197.75	塗　料
	DSM	117.33	ライフサイエンス製品，機能材料
	ソルベイ	159.78	スペシャリティケミカル・材料
	ノボ・ノルディスク	134.72	バイオ医薬
	ヤラ・インターナショナル	145.27	窒素肥料
	ケミラ	28.79	水処理化学品
スイス	シンジェンタ	142.02	農薬，種子（ゼネカとノバルティスから分離統合）
	クラリアント	64.38	スペシャリティケミカル（サンドから分離）
	ロンザ	41.86	ライフサイエンス製品
米　国	ハンツマン	111.87	スペシャリティケミカル・材料，ポリウレタン
	モザイク	111.08	リン・カリ肥料（IMC とカーギルの肥料部門が統合）
	イーストマン・ケミカル	81.02	塗料，アセテート繊維，ポリマー（コダックから分離），2012 年 7 月ソルーシア（モンサントから分離）を買収
	セラニーズ・コーポレーション	6418	エンジニアリングプラスチック，アセチル化学品
	アシュランド	82.06	化学品，ポリマー，水処理化学品
	CF インダストリーズ	61.04	窒素・リン肥料（2010 年テラ・インダストリーズを買収）
	FMC コーポレーション	37.48	農薬，スペシャリティケミカル
	W. R. グレース	31.56	スペシャリティケミカル
	キャボット・コーポレーション	33.00	スペシャリティケミカル
	サイテック・インダストリーズ	17.08	スペシャリティケミカル（旧 ACC から分離）
	アルベマール	27.45	スペシャリティケミカル（エチル・コーポレーションから分離）
	ニューマーケット・コーポレーション	22.23	石油添加剤（旧エチル・コーポレーションなどを吸収）

†　1 ドル＝79.81 円，1 ユーロ＝102.55 円，1DKK＝13.78 円，1NOK＝13.72 円で計算.

場一位を占める製品が約六割、世界二位、三位にある製品が約三割を占めており、競争力のある分野への事業絞り込みを行っていることがわかります。その競争力によってアジアなどの成長市場に大きく展開しつつあります。

すでにPPGインダストリーズを紹介した際に述べましたが、世界の塗料業界は、長年ドングリの背比べ状態を続け、世界のトップレベル企業十数社がシェア一〜三パーセント台で争ってきました。日本の関西ペイント、日本ペイントもその中に加わっていました。しかし一九八〇年代以後、徐々に集中傾向が現われ、図19に示すように、現在ではトップのアクゾノーベルが一五パーセント程度のシェア、上位三社で三五パーセント程度のシェアを占めるような構造に変わり、日本勢はシェア二〜三パーセント台のままで一〇位前後にとどまっています。

塗料は、顔料と塗料用レジン（顔料を固着する

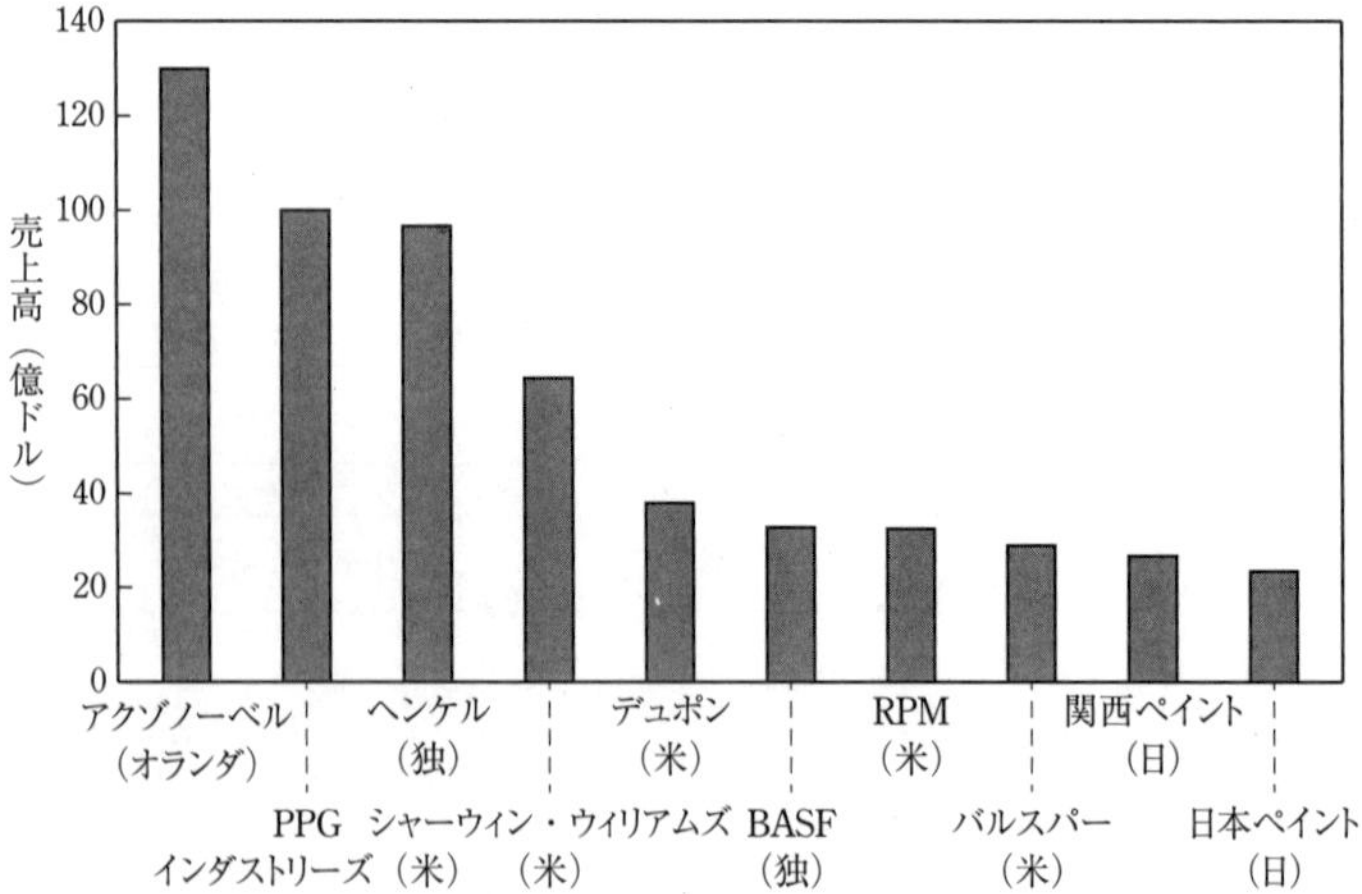

図19　2011年世界トップテン塗料企業の塗料売上高（Coating World誌より作成）

樹脂)、さらに必要に応じて有機溶剤や水などの溶媒を混合(フォーミュレーション)してつくられます。二〇〇〇年代以降、フォーミュレーションを行う塗料会社が、レジンを内製化することをやめ、原料レジンメーカーと塗料会社との分化が進んでいます。アクゾノーベルは塗料用レジン事業を二〇〇四年に売却し、フォーミュレーション事業に特化しました。このように、アクゾノーベルは世界の塗料業界の構造変化をリードする動きを続けています。

伝統あるオランダ企業アクゾの苦難

アクゾノーベルをつくり上げるうえで、最も中心的で主体的な役割を果たしたのが、オランダの化学会社のアクゾでした。アクゾは、一九六九年にＡＫＵとＫＺＯというオランダ企業同士が合併して生まれた会社です(図20)。少し世界の化学産業の歴史、特に化学繊維産業史を知っている方には、その名を知られた会社でした。

さらにその起源をさかのぼると、ＡＫＵは一八九九年ドイツで創業したレーヨン会社グランツストッフと一九一一年にオランダで創業したレーヨン会社エンカが、一九二九年にゆるい連合体のような形でつくられた会社でした。ＡＫＵという会社名よりも、グランツストッフとエンカという名前のままで、それぞれ活動していました。グランツストッフは、最初に銅アンモニア法レーヨンを工業化した会社で、後にビスコース法レーヨンに転換しました。また、エンカの創業者は、ビスコース法レーヨンの最大手英国のコートルズで働いていた技術者でした。

大正・昭和初期に多くの日本の化学繊維会社が、欧州からの技術導入によって、レーヨン会社としてスタートしました。そして第二次世界大戦後は、米国だけでなく、欧州から合成繊維の技術導入によって、合成繊維会社に転換しました。グランツストッフ、エンカ、アクゾ、コートルズ、ＩＣＩは、その際の技術導入先として、日本にとっても、縁の深い会社でした。

一方、ＫＺＯは、オランダの古くからの化学会社が第二次世界大戦による破壊から立直る過程で一九六〇年代に大合併時代を迎え、一九六七年に誕生した会社です。長い期間をかけて一〇社以上が合併を繰返してきたので、塩、化学品、塗料、医薬品、食品、洗剤、化粧品とさまざまな事業を手がけていました。そのなかで、現在のアクゾノーベルの主力

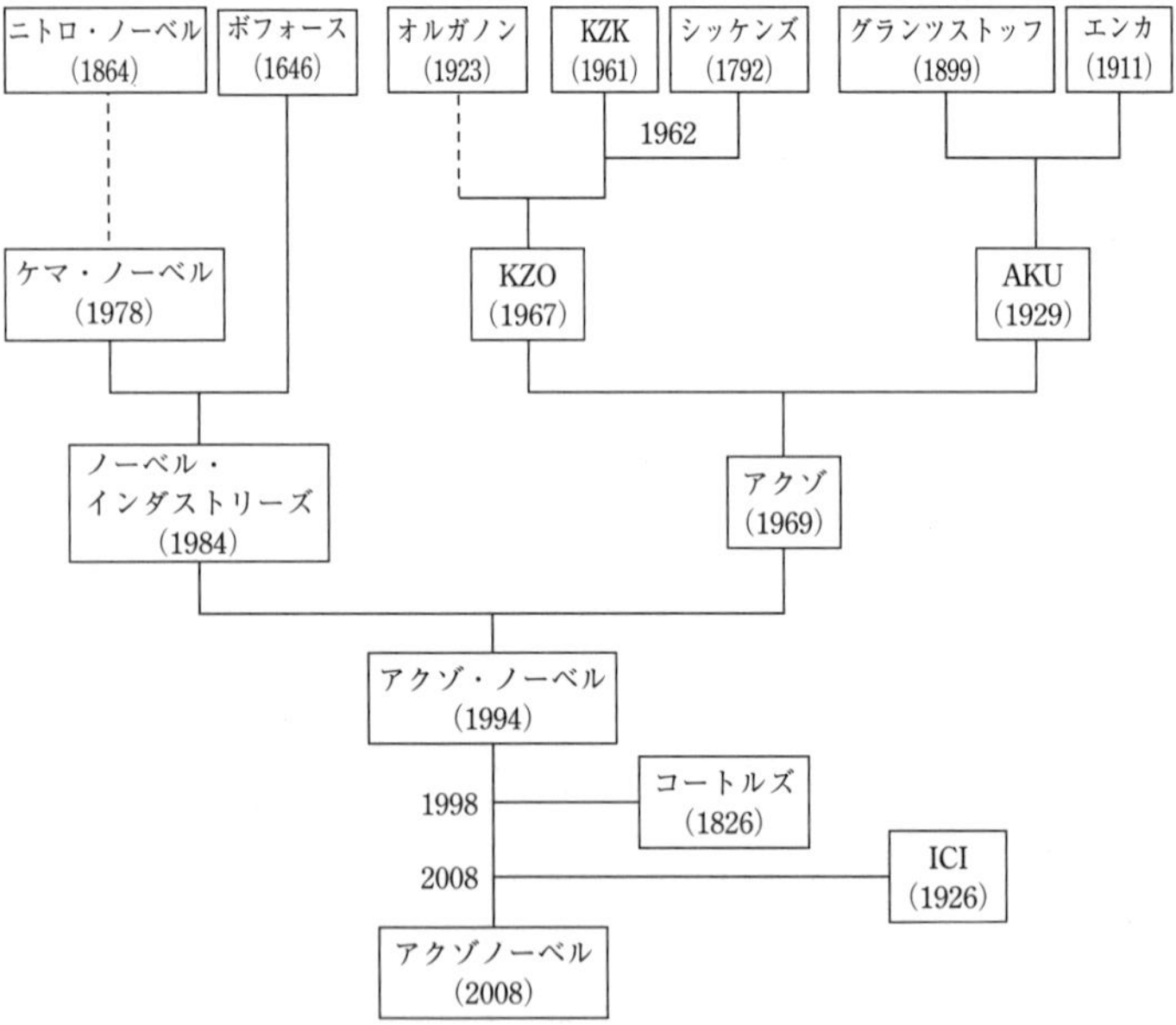

図20　アクゾノーベルにつながる主要企業系譜（“Tomorrow's Answers Today：The history of AkzoNobel since 1646”，AkzoNobel (2008) より作成）

事業である塗料事業を行ってきた小さな会社として、一七九二年創業のシッケンズがあります。

栄光の一九六〇年代に比べて、一九六九年アクゾ設立後の一九七〇年代、一九八〇年代は、苦しい時代が続きました。大きな要因は、欧州の戦後復興・高度成長が終了し、石油危機などの経済変動の影響をまともに受けるようになったことです。それに加えて、AKUから引継いだ合成繊維事業が、この時代に非差別化・日用品化し、最初は東欧から、つづいてアジアからの輸入品攻勢に苦しむようになったことです。これに対して、アクゾは、アラミド繊維のような高性能産業用繊維の開発を行いましたが、米国のデュポンとの特許紛争によって、思うような新展開ができなくなりました。このため、アクゾは、売上高に占める合成繊維比率を一九七〇年代初めの五〇パーセントから一九八〇年代初めには三〇パーセントに下げ、その一方で、塗料、スペシャリティケミカル製品、医薬品など高収益製品のウエイトを押上げる戦略を進めました。

しかし、アクゾが二〇年にわたって苦しんだ真の要因は、企業外の環境要因だけでなく、企業内にもありました。それは、AKUやKZOから引継いだ生産会社の連合体のような経営組織、企業風土でした。化学繊維事業をめぐる世界的規模の大きな環境変化には、ときにはオランダ国内工場の閉鎖というような厳しい戦略を迅速に実行しなければならなかったのに、内部の抵抗が強く、しばしば手遅れとなる事態が発生しました。しかし、一九八〇年代末にアクゾは、ようやくこの弱点を克服し、一つのアイデンティティーの下に、統一企業体となっていきました。そして、その確固たるアイデンティティーによって、一九九〇年代、二〇〇〇年代と続く多国間の企業合併、事業集中の時代に中心的な役割を果たしました。

ノーベルゆかりの北欧企業との合併

そのアクゾが最初の合併先として選んだのが、ノーベル・インダストリーズです。アルフレッド・ノーベルは、ニトログリセリンの名前を冠する火薬会社を一八六四年に設立しました。一八六七年にニトログリセリンを安全に取扱えるダイナマイトを発明して事業は急拡大し、故国スウェーデンのみならず、欧州一円、さらに米国にも多数の工場が建設されました。一八九五年のアルフレッドの死後、スウェーデンをはじめ、世界各所の会社はノーベル家の手を離れました。スウェーデンの会社も、幾多の変遷と化学事業範囲の拡大を経て一九七八年にケマ・ノーベルとなりました。

一方、ボフォースは、スウェーデンで一六四六年に創業した金属加工会社です。一八九四年にアルフレッド・ノーベルが買収し、著名な兵器と化学の会社になりました。一九八四年に化学事業強化のためにケマ・ノーベルを買収してノーベル・インダストリーズとなり、かつてアルフレッド・ノーベルが幅広く手がけた事業は再び統合された形になりました。ノーベル・インダストリーズは、その後も紙薬品・漂白剤会社や塗料・接着剤会社を買収して化学事業を拡大する一方で、一九八六年には、伝統の民生用火薬事業を売却しました。

しかし、ノーベル・インダストリーズは、海外への武器売却スキャンダルや買収攻勢による資金負担によって財務危機に陥り、一九九一年には兵器事業のボフォースを売却するなど事業売却を繰返し、スウェーデン政府管理下の塗料接着剤と化学品の会社になりました。新しい方向に踏出しはじめていたアクゾは、これをみて、一九九四年にノーベル・インダストリーズの株式を取得して合併し、塗料業界のトップ企業アクゾ・ノーベルを生み出しました。

英国名門企業の買収

しかしアクゾ・ノーベルは、両社の合併にとどまらず、さらに企業買収と事業売却によって、急速に変身をとげていきました。まず、化学繊維から塗料・化学品へと多角化を図っていた英国のコートルズを一九九八年に買収し、一九九九年には化学繊維事業をアコーディスとして分離・売却しました。化学繊維事業は、アクゾ・ノーベルにとっても、コートルズにとっても、創業以来の事業であり、しかもアラミド繊維や新しいセルロース繊維など、期待のできる新規事業も含めて売却する思い切った決断でした。その一方で、同時期に医薬品、バイオ事業の会社を買収して医薬品事業の強化を図り、塗料、医薬品、スペシャリティケミカル製品の三分野に集中した会社になりました。塗料事業においても、二〇〇四年に塗料用レジン事業を売却し、塗料のフォーミュレーション事業への集中を図りました。

ところが主力医薬品が特許紛争で敗れたために医薬品事業の将来性にかげりが現われました。このため、二〇〇六年に医薬品事業をオルガノン・バイオサイエンシズとして分離し、二〇〇七年にはシェーリング・プラウに売却しました。この売却資金とほぼ同額で、一年後の二〇〇八年に長年、世界の塗料業界のリーダーであった英国の名門企業ＩＣＩを買収し、塗料業界での確固たる地位を築き上げました。その後、前述したように、一文字の会社名アクゾノーベルに改名しています。

アクゾノーベルは、非常に長い歴史をもつ会社ですが、この二〇年間弱で大きく変身しました。その合併・買収の歴史をみると、株価や財務内容の健全性以上に、企業アイデンティティーの確立の重要性を実感します。

コラム

化学産業史上に残る英国ＩＣＩの業績

ＩＣＩは、Imperial Chemical Industries の略称です。この会社は、一九二六年に英国の四つの化学会社ブラナー・モンド（ソルベイ法ソーダ）、ノーベル・インダストリーズ（ダイナマイト火薬）、ユナイテッド・アルカリ（ルブラン法ソーダ、さらし粉）、イギリス染料（合成染料）が合併して誕生しました。一九二〇年に米国で五つの化学会社が合併して巨大なアライド・ケミカルが設立され、一九二六年にはドイツでＢＡＳＦ、ヘキスト、バイエル、アグフアなどが合併してＩＧ染料工業が設立されたのに対抗して、ＩＣＩは設立されました。

その後ＩＣＩは、表28に示すように、プラスチック時代を拓いたポリエチレン、合成繊維の王者ポリエステル繊維、創薬新時代を拓いたβ遮断薬をはじめとして、化学史、化学産業史上に輝く数多くの発明、工業化を達成し、世界トップクラスの化学会社の地位を占めてきました。

しかし、一九八〇年代以後の長期不況に苦しみ、一九九三年に医薬・農薬事業のゼネカと幅広い化学品事業のＩＣＩに企業分割したあと、ＩＣＩは一九九〇年代後半の五年間にスペシャリティケミカル製品事業の買収の一方で、五〇以上の化学品事業を分離・売却していきました。その結果、二〇〇〇年代初めには、塗料事業とスペシャリティケミカル製品（香料、添加剤など）などの高収益化学品に特化した会社になりました。

しかし、二〇〇〇年代後半になっても、香料事業、界面活性剤事業を売却するなど事業売却が続き、ついに二〇〇八年には残った塗料事業がアクゾ・ノーベルに買収されて、二〇世紀の栄光ある化学会社の名前は消えました。一九九〇年代からの事業集中と非コア事業の売却の歴史とその結果の到達点は、ＩＣＩもアクゾノーベルも似ています。しかし、その間に新たな企業アイデンティティーを失ったか、確立できたかが、企業が消えたか、残ったかの分かれ目になったといえましょう。

表28　ICIの有名な業績†

製品または製造法	発明 / 工業化
メタクリル酸メチル製造法	1932年
高圧法低密度ポリエチレン	1933年
ポリエステル繊維（キャリコ・プリンターズ社特許）	1940年
抗マラリア剤（プログアニル）	1940年代
殺虫剤（ベンゼンヘキサクロリド）	1940年代
除草剤（植物ホルモン調整系）	1946年
全身麻酔剤（フッ素系）	1950年代初
MDI系発泡ポリウレタン	1950年代
反応性染料	1956年
エンプラPES（ポリエーテルスルホン）	1960年代
β遮断薬（降圧剤）	1965年
エンプラPEEK（ポリエーテルエーテルケトン）	1970年代
単細胞タンパク質SCP（メタノール原料）	1976年
生分解性プラスチック（微生物産生系）	1980年代
クロロフルオロカーボン代替品（HFC）	1990年

†　出典は図20と同じ.

13　リンデ　機械メーカーからガス会社へ

ノーベル賞受賞者ラムゼーと液体空気

リンデは、もともとはドイツの歴史ある機械会社でしたが、現在では、酸素や窒素などを供給する世界トップクラスの産業・医療ガス会社になっています。産業ガスのような製品は、医薬品のような複雑な分子構造をもつわけでもなく、平凡な物質なので、ノーベル賞とは無縁と思われるかもしれません。しかし、ヘリウム、ネオン、アルゴン、クリプトン、キセノンという一連の不活性ガスの発見によって一九〇四年に第四回ノーベル化学賞を受賞した英国のラムゼーの研究には、大量の液体空気が必要でした。

空気一〇〇〇容積中には、表29に示すように、アルゴンは九・三容積含まれています。しかし、ほかの不活性ガスは極度に少量しか含まれていません。ラムゼーは、ひたすら大量の液体空気を注意深く気化・分離し、得られたガスを発光スペクトル試験によって検査して、新しい元素の存在有無を確認するという粘り強い実験を行いました。このラムゼーの不活性ガス発見の研究過程を生きいきと描いた山岡　望の「化学史伝」(内田老鶴圃新社)は、私のような団塊の世代までの学生には、化学研究への夢を膨らませた愛読書でした。

ラムゼーの研究に液体空気を寄贈したのが、ドイツのカール・フォン・リンデならば、話は簡単なのですが、そうではありません。それは、リンデと同時期（一八九五年）に空気液化装置を開発した英国のハンプソンでした。その後、ハンプソン特許は、英国の酸素会社ＢＯＣ（一八八六年にBrin's Oxygen Companyとして、酸化バリウム法による酸素製造会社として設立され、一九〇六年British Oxygen Companyと改名した）で工業化されようとしましたが、大規模化に向かず、結局ＢＯＣは、一九〇六年にリンデ特許に乗換える代わりに、リンデがＢＯＣの株式の一部をもち、ＢＯＣの役員となりました。

製氷機メーカーとして創業

カール・フォン・リンデは、スイス連邦工科大学で機械工学を学び、さまざまな職業を経たのちに、一八六八年に新設されたミュンヘン工業学校（のちに大学）で研究・教育に携わることになりました。ここで行った冷凍技術に関する研究が、地元のビール醸造業者の関心を引き、通年運転可能な冷却装置を開発してほしいとの要望を受けて、リンデはその開発に乗出しました。

ちょうどビール醸造法が、常温・短時間で行われる上面発酵法から、一〇℃以下の低温・長時間で行われる下面発酵法に移り変わる時代でした。下面発酵法は低温での厳密な温度管理が必要ですが、

表29　空気1000容積中の不活性ガス容積（化学便覧基礎編 改訂3版，丸善（1984）より作成）

アルゴン	9.340
ネオン	0.01818
ヘリウム	0.00524
クリプトン	0.00114
キセノン	0.000087

製品貯蔵期間が長く、味も好まれる製品ができるために、生産量が大きく伸びていました。現在、普通に飲まれているビールです。ビール醸造業者は、当初は冬場に貯蔵した天然氷を使っていました。しかし、それが不足しがちになり、信頼性のある冷却装置を望んでいたのです。

リンデは、特許権を分割譲渡することによって、応援してくれる醸造業者や機械業者に研究開発資金を拠出してもらい、何度もの失敗の末に、ついに一八七六年に新型の冷凍機を開発しました。この冷凍機を使った冷却システムがビール醸造業者に好評であったので、一八七九年には研究開発資金を拠出していた業者たちが株式を引受けることによって、リンデ製氷機会社が設立されました。リンデは教授を辞めて、新しい機械会社の経営者に就任しました。

まだ十分な顧客が得られなかった創業当初は、冷凍機の製造だけでなく、冷凍機を使った製氷事業も行い、リンデ冷凍機の高効率性、コストの低さを実際に示す営業努力を行いました。一八八〇年代のドイツ経済は必ずしも順調ではなかったにもかかわらず、リンデ製氷機会社は、このような地道な努力によって順調に成長し、市場をビール醸造業から、食肉製造、砂糖抽出、チョコレート製造などの食品製造業、低温倉庫業、氷製造業、さらに当時勃興してきた化学工業（アニリン結晶化精製プロセスや塩素の冷却液化）、鉱山などに広げていきました。さらに創業後しばらくしてからは、ドイツのみならず、欧州各国や米国にも事業を拡大していきました。その方法は、機械輸出に加えて、特許実施権の供与による現地生産、合弁会社設立などの直接投資もありました。

しかし、カール・フォン・リンデは、ほぼ一〇年間の第一線での経営者生活を経たころ、健康問題もあって、再び科学研究に戻りたくなりました。一八九〇年には会社の経営を後継者に託し、自らは監査役会議長のポストに退くとともに、四八歳で再びミュンヘン工業大学教授に戻ることにしました。

液体空気の需要にこたえて

ところが、大学に戻ったカール・フォン・リンデは、教育だけにとどまらず、つぎの大発明とその工業化を成し遂げ、リンデ製氷機会社をますます発展させることになります。そのきっかけは、またもビール醸造業でした。一八九二年アイルランドのダブリンのギネスビールから炭酸ガスの液化装置の注文がきました。炭酸ガスの液化はすでに実用化されていましたが、リンデ製氷機会社では経験がありません。しかしカール・フォン・リンデは、この注文に応じ、炭酸ガスの液化装置のみならず、空気の液化装置の開発にまで挑戦しました。空気の液化自体は、すでに科学研究としては達成されていましたが、その工業化装置の開発に挑戦したのです。

その結果、一八九五年五月二九日に毎時三リットルで青みがかった液体空気をつくることに成功しました。これが本章の最初に述べた英国のハンプソンと同時期の空気液化装置の開発でした。リンデ製氷機会社は、すぐに科学研究所向けに小型空気液化装置を出荷し、また、ディーゼルエンジン駆動の装置を開発しました。一九〇〇年パリ万国博覧会ではグランプリを受賞しています。

しかし、カール・フォン・リンデは、工業的な液化装置の完成が研究最終目標ではなく、すぐにつぎの目標に取り掛かりました。それは、液体空気の蒸発による酸素、窒素の分離でした。ところが、酸素の沸点はマイナス一八三℃、窒素の沸点はマイナス一九六℃と沸点差が一三℃しかないために、液体空気を蒸発させても、工業的には純酸素は得られず、酸素・窒素が半々のガス（リンデ空気）が得られるだけでした。

ここでもアルコール醸造業の長年の技術蓄積にヒントを得ました。カール・フォン・リンデは、アルコール水溶液からアルコールを得る精留法を液体空気にも適用することにし、息子フリードリッヒ・リンデに挑戦させました。フリードリッヒ・リンデは、一八九五年に大学で博士号取得後、リンデ製氷機会社に入り、空気液化事業に携わっていました。フリードリッヒは、幾多

表30　ガス液化・分離技術の20世紀前半での応用分野

原料ガス	分離ガス	応　用
空　気	酸　素	酸素・アセチレン炎，酸素・水素炎（金属の切断・溶接）（現在の酸素の大需要先である鉄鋼業のLD転炉は20世紀中半から）
空　気	窒　素	石灰窒素（赤熱したカルシウムカーバイドの窒化反応），アンモニア合成
空　気	アルゴン	電球の封入ガス
石炭ガス（石炭の乾留）	水素，一酸化炭素，メタン，二酸化炭素，エチレン	マーガリン（油脂への水素添加），アンモニア合成（水素利用）
水性ガス（コークス＋水蒸気）	水素，一酸化炭素	アンモニア合成，メタノール合成，合成石油（フィッシャー-トロップシュ法），オキソ合成，ホスゲン合成
転化ガス（水性ガス＋水蒸気）	水素，二酸化炭素	アンモニア合成
石油接触分解（クラッキング）副生ガス	プロピレンなど	石油化学工業
天然ガス・石油のスチームクラッキングガス	水素，エチレン，プロピレンなど	アンモニア合成，石油化学工業

の試行錯誤の末、一九〇二年に純酸素の製造に成功しました。カール・フォン・リンデは、すでに六〇歳でした。蒸留理論が完成するのは、一九二〇年代後半から一九三〇年代初めなので、リンデ父子による液体空気蒸留による純酸素製造は試行錯誤による達成と考えられます。リンデは、これにとどまることなく研究開発を進め、一九〇三年には純窒素、一九一〇年には純酸素と純窒素を同時に低コストで得られる二本カラム装置の開発へと進みました。

空気から得られた純酸素、純窒素、さらにアルゴンは、表30に示すような莫大な需要をもつ新応用分野を生み出しました。ガス液化と精留技術は、空気だけにとどまらず、表30に示すように水性ガスなどからの水素分離につながり、アンモニア合成、油脂への水素添加（マーガリン合成）など二〇世紀初頭に新しい化学工業を起こし、さらに二〇世紀前半に合成石油工業や石油化学工業（オレフィン類の液化精製分離）を生み出す基盤をつくり上げました。

リンデ製氷機会社は、ガス液化・分離事業において、当初は機械製造会社の立場で関与しました。しかし冷凍機における製氷事業への参入にみられるように、機械製造にとどまらず、その機械によって生産される製品事業への参入がガス液化・分離装置においても行われました。一九〇四年に酸素製造会社に参画すると、徐々に株式比率を上げて、酸素製造会社を取得し、一九一〇年ころにはリンデ製氷機会社自体が、機械製造のみならず、産業ガス製造にまで事業範囲を拡大していきました。

大学教授でベンチャー起業家リンデ

カール・フォン・リンデは、大学教授・研究者として、新型冷凍機、空気液化・分離装置を開発しただけにとどまらず、開発した機械を生産する会社を設立・経営し、発展させています。現在の目からみると、まさにハイテクベンチャー起業家といえましょう。すでにいくつかの例を示したように、特許権の活用のうまさには感服します。冷凍機開発では特許権をてこにして開発資金を得、また、ガス液化・分離装置では英国の酸素会社BOCをリンデ陣営に引込むことに成功しました。ガス液化・分離事業では、同時期に開発・事業化に成功したフランスのエア・リキード社（ジョルジュ・クロードの空気液化装置の発明特許をもとに、一九〇二年設立）と長年特許係争を起こしましたが、結局は特許権を活用して、この二社による世界的な独占体制を一時は築き上げました。

また、カール・フォン・リンデは、技術の目利きとしても優れていました。オイルエンジンがそれまでのスチームエンジンに代わって重要になることを見通して、一九〇四年にギルドナーがエンジン会社を設立する際には、共同設立者として資本参加しました。リンデ製氷機会社は、一九二九年にこの会社を完全買収し、冷凍機事業、ガス液化・分離事業の二本柱に加えて、三本目の柱であるエンジン・トラクター事業に成長させました。

さらにカール・フォン・リンデの教育者としての一面も注目されます。ミュンヘン工業大学での教え子が多数リンデ製氷機会社に採用され、そこで大活躍しています。ディーゼルエンジンの開発者として名を残すディーゼルもその一人です。

二〇〇〇年代に始まった激しい事業転換

一八七九年創業のリンデ製氷機会社は、第一次世界大戦、第二次世界大戦でのドイツ敗戦という荒

表31　世界の大手産業・医療ガス会社の事業内訳（2012年）（各社決算報告書より作成）

会社		リンデ		エア・リキード		プラックスエア		エアー・プロダクツ	
		（億ドル）	構成	（億ドル）	構成	（億ドル）	構成	（億ドル）	構成
産業ガス事業		161.79	82 %	176.76	90 %	105.68	94 %	68.69	71 %
	大工業向け	80.98		64.44		内訳非開示		32.06	
	市販向け	54.66		66.73				36.62	
	医療向け	26.15		31.89					
	電子工業向け			15.70					
エンジニアリング事業		32.91	17 %	10.09	5 %			4.20	4 %
化学品事業				8.08	4 %			23.23	24 %
その他		7.66	4 %			656	6 %		
全社売上高		196.34		196.83		112.24		96.12	

†　セグメント情報開示の都合上，プラックスエアのガス事業には，エンジニアリング事業も含まれる．エアー・プロダクツの化学品事業には，電子工業向けガスも含まれると推定される．ガス事業の内訳は，開示区分が一致しないため，筆者が割付けたもので参考程度．

波を乗越え、機械事業三本柱を主力事業として発展してきました。このような事業の拡大・発展を反映して、一九六五年には社名をリンデに変更しています。しかし、それは必ずしも平坦な道ばかりではありません。

カール・フォン・リンデの卓越した海外投資戦略によって、すでに一九〇七年に米国にリンデ・エアー・プロダクツを設立し、米国最初の酸素プラントを建てるのみならず、アセチレンや溶接設備にまで事業を順調に拡大していました。しかし米国が第一次世界大戦に参加することになった際に、ドイツ会社の所有株式は放棄を余儀なくされ、リンデ・エア・プロダクツは、ユニオン・カーバイド（UCC）傘下の産業ガス会社として活動を続けることになりました。その後リンデ・エア・プロダクツは、一九八九年にユニオン・カーバイド産業ガスに名称変更し、さらに一九九二年に分離独立して、米国最大の産業ガス会社プラックスエアになりました。

一方、リンデは、一九九九年まで北米地域でリンデという名称を使うことができなくなりました。これは、バイエルが長らく米国でバイエルという名称を使えなかったことと同じです。米国という国が、企業活動の自由を唱えながら、必ずしもそればかりではないことを示しています。

リンデは、二〇世紀初頭から、不要となった事業の分離・売却と期待する事業のM&Aによる取得を活発に行いながら、機械三本柱事業の内容を時代に合わせて大きく転換し、また経営のグローバル展開を進めてきました。たとえば、一九六〇年代には、エンジン・トラクター事業の中でディーゼルエンジンとトラクターから撤退し、フォークリフトなど工業用トラックの生産に集中して、マテリアルハンドリング事業に転換しました。冷凍機事業も、家庭用からの撤退・冷凍ショーケース拡大など大胆な事業転換を行ってきました。ガス液化・分離装置事業も、M&Aによってプラントエンジニアリング事業に幅を広げました（表31）。

リンデは、産業ガスを兼業する機械会社として発展したので、化学製品の売上高としては、エア・リキードやBOCなどの産業ガス専業会社より小さな会社でした。しかし二〇〇〇年代に入ると、リンデは、それまでになかった激しい事業転換を進め、一挙に世界最大級の産業・医療ガス会社に変身しました（図21）。

すでに一九九〇年代に東西ドイツ統合、冷戦終了に対応して、東欧での産業ガス事業をM&Aによって拡大し、また、旧東ドイツ地域にあった旧IG染料工業ロイナ工場のガス事業再建に投資して巨大な産業ガスセンターを築き上げてきました。このような産業ガス事業強化の延長として、二〇〇〇年には世界の産業・医療ガス会社として五指に入るスウェーデンのAGAを買収し、世界

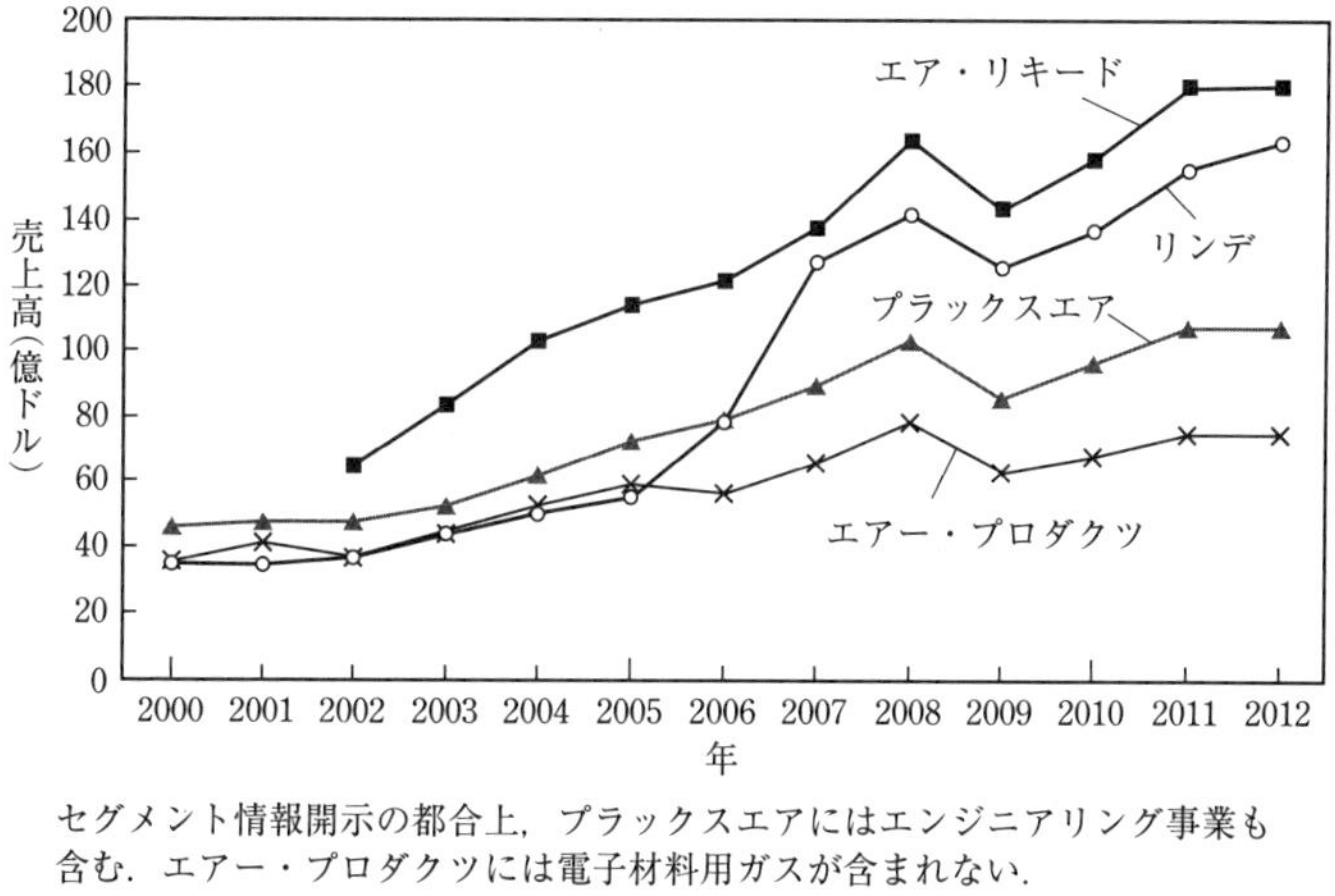

セグメント情報開示の都合上，プラックスエアにはエンジニアリング事業も含む．エアー・プロダクツには電子材料用ガスが含まれない．

図21　世界の大手産業用・医療用ガス会社のガス事業売上高推移

的な規模の産業・医療ガス会社として頭角を現しました。その一方で二〇〇四年には会社創業事業である冷凍機事業を分離・売却しています。

機械会社から化学会社への事業転換の動きはさらに加速し、二〇〇六年には長年関係の深かった大手産業ガス会社であるBOCを一一七億ユーロ（約一六〇億ドル）で買収し、一挙に世界の産業ガストップのエア・リキード社に迫る会社となりました。それとともに同じ二〇〇六年には長年機械事業三本柱の一つとなってきたマテリアルハンドリング事業を分離・売却しました。

こうしてリンデは二〇〇〇年代の一〇年にも満たない期間に、機械会社から産業・医療ガス事業とガス液化・精製装置に強みをもつプラントエンジニアリング事業の二本柱の会社に大きく事業転換しました。その動きは二〇一二年に入っても続いており、米国エアー・プロダクツの欧州五カ国での在宅医療サービス事業買収（五九億ユーロ）、米国在宅医療サービス会社リンケアの買収（四六億ドル）など医療ガス事業の拡大に集中しています。

14 ＳＡＢＩＣ（サビック）産油国の国営企業

新興国の化学会社が台頭

一八世紀に欧州で始まった近代化学産業は、二〇世紀初めに米国と日本が加わり、その後この三極を中心として展開してきました。しかし、一九八〇年代から台湾、韓国、サウジアラビアの化学産業の成長が目立つようになり、それにつづいて中国、インド、ブラジルも急速に成長してきました。多くの国では経済成長とともに、石油化学製品や化学肥料などの化学製品の内需が伸び、それを追って化学産業が誕生し、発展してきました。これに対して、人口が少ない一方で、石油、天然ガス資源が豊富な中東産油国では、化学製品輸出を需要の中心とした化学産業が成立し、急成長しました。

企業レベルでみても、図22に示すように、世界ナンバーワン規模の石油化学事業をもつエクソンモービルに新興国化学会社は売上高で急速に追いつき、中国の国営化学会社シノペックは、二〇一〇年にはついにエクソンモービルを追い抜きました。日本の石油化学会社ナンバーワンである三菱ケミカルホールディングスも、すでにシノペック、ＦＰＧ（台湾）、ＳＡＢＩＣ（サウジアラビア）に大きく抜かれています。

原油の副産物を有効利用

SABICは、一九七六年に設立されたサウジアラビア基礎産業公社Saudi Basic Industries Corporationの頭文字をとった略称です。日本語訳が示すとおり、サウジアラビア政府が七〇パーセントの株式をもち、残り三〇パーセントが民間所有となっています。民間所有といっても、サウジアラビアの富豪の多くは王族なので、事実上は国営会社です。金属事業（製鉄、アルミニウムなど）と化学事業（石油化学、化学肥料など）を事業領域としていますが、二〇一二年アニュアルレポートでは、売上高構成として金属が九パーセントを占めるにすぎず、化学事業が大きな割合を占めています。化学事業の内訳は詳細には発表されていません

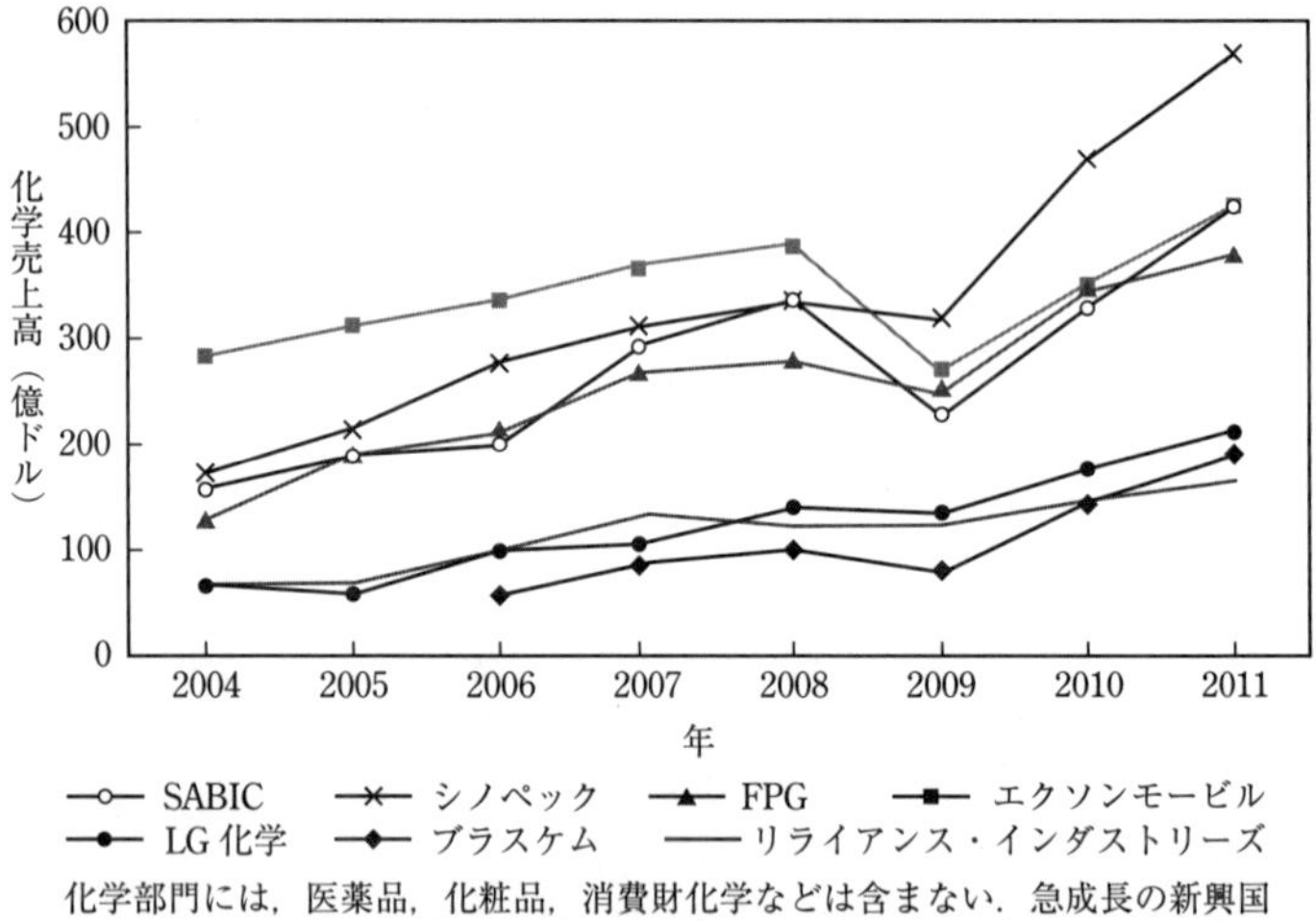

化学部門には，医薬品，化粧品，消費財化学などは含まない．急成長の新興国化学会社は，おもに石油化学・高分子化学事業で高成長しているので，先進国の対照企業としてエクソンモービルを掲載した．なお，LG化学の2007年値は筆者推定．

図22　急成長している新興国化学会社の化学部門売上高推移
（*C&EN*のGlobal Top 50より作成）

が、おおよそ八割が国内生産の石油化学製品と推定されます。

ＳＡＢＩＣの設立趣旨は、原油採掘時に随伴して生成しながらも、有効利用されてこなかったガス（随伴ガス）などを原料にして、新しい産業を建設することです。サウジアラビアなど中東産油国は、原油輸出のみに依存する経済を脱却することが長年の悲願です。この悲願を達成するためにＳＡＢＩＣは建設されました。

金属事業の場合、鉄鉱石還元用のガスやアルミナ還元用の電力はあっても、鉄鉱石やボーキサイトは輸入せざるを得ず、随伴ガスをもっている強みが十分に発揮できなかったと考えられます。これに対して、随伴ガスには、エタン、プロパン、ブタンが多量に含まれているので、これらを有効に利用できる石油化学事業は、大きく成長しました。

ＳＡＢＩＣの成功方程式

サウジアラビア政府は、それまではおもに焼却して廃棄されてきた随伴ガスから、エタンなどの石油化学原料を精製し、これを超安価に提供することにより外国企業を誘致し、しかも単独投資は認めず、ＳＡＢＩＣと合弁企業を設立することによって、資本、技術をサウジアラビアによび込むことにしました。このために、サウジアラビア政府は、ペルシア湾岸のジュベイルや紅海沿岸のヤンブーなど、原油生産地近くや原油輸出積出港近くの臨海部に広大な工業用地と港湾施設、電力・工業用水施設などのインフラ整備を行いました。合弁事業から生産される化学製品も、相手の外国企業だけに販売させるのでなく、ＳＡＢＩＣにも販売させることにより、徐々にＳＡＢＩＣに世界市場への販売力をつけさせることに成功しました。

こうして一九八三年に最初の合弁工場が操業を開始すると、その後は原油価格の乱高下に伴う好不況の波をかぶりながらも、SABICは驚異的なスピードで設備能力を増強してきました。二〇〇〇年代半ばから続く石油価格高騰で、サウジアラビアをはじめとする中東産油国には、一九七〇年代を上回るオイルマネーが大量に流入しており、二〇一〇年前後からSABICには何度目かの石油化学大増設完成の波が訪れています。

二〇一〇年一月現在の世界エチレン生産能力一億三一六〇万トンに対して、一位米国が二七五〇万トン（二一パーセント）、二位サウジアラビアが一二七〇万トン（一〇パーセント）、三位中国が一一一〇万トン（八パーセント）となっています。

SABICの石油化学合弁事業は五〇パーセント出資比率が多いので、生産能力の四割がSABICに帰属すると大まかに考えても、SABIC一社で五〇〇万トンものエチレン生産能力になります。ちなみに世界四位、五位の生産能力国が日本と韓国で各々七六〇万トンです。

急成長の裏で抱える課題

新興国の化学産業や化学会社の急速な発展にただ驚き賛嘆しているだけでは、これからのグローバル時代に生き残れません。急成長する企業には弱点もあります。SABICにも当然課題があります。SABICが大きく成長した一方で、サウジアラビア政府の本来の目標は順調に達成されたのでしょうか。サウジアラビアの人口は一九七〇年代の六〇〇万〜九〇〇万人から二〇一〇年国勢調査では二七〇〇万人（うち外国人八四〇万人）とほぼ四倍に増加し、失業率も平均で一〇パーセント前後、若年層では三〇パーセントとも五〇パーセントともいわれるほどの高率が続いています。ＳＡＢＩＣの化学事業は、雇用吸収力の小さい石油化学基礎製品が多く、雇用吸収力の大きいプラスチック成形加工分野などでの中小企業がなかなか育ってきません。

さらに石油化学大増設を繰返すうちに、ＳＡＢＩＣ成功方程式の基本である「余剰」随伴ガスを使い尽くし、二〇〇〇年代になるとナフサ・天然ガソリン（ＮＧＬ）を原料とする石油化学プラントが増えてきました。図23に示すように、サウジアラビアの原油生産量は一九八〇年ころをピークとして、その後、このピークを越えられる状況にはありません。このため随伴ガスの生産量も横ばい状態です。

ナフサ・ＮＧＬは、サウジアラビア国営石油会社サウジ・アラムコが輸出する石油製品です。当然のことながら、石油製品の輸出価格は国際価格で決まります。

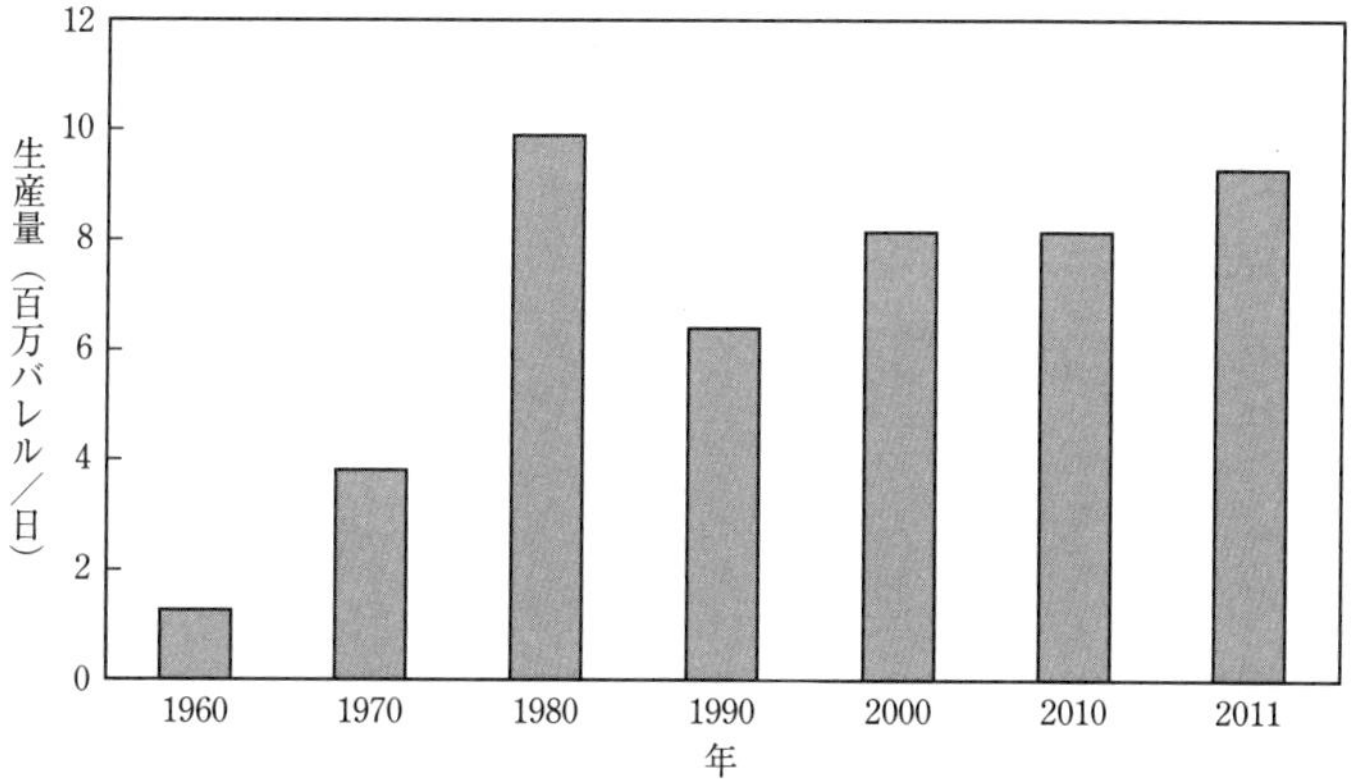

図23　サウジアラビアの原油生産量推移（OPEC Annual Statistical Bulletin 2010/2011 Edition より作成）

一方、国内産業であるＳＡＢＩＣに提供されるナフサ・ＮＧＬ価格や随伴ガス価格は輸出価格に比べてはるかに安価（エネルギー等価換算ベース）に設定されています。そもそも国内産業育成のために、政府が国内産業向け価格と輸出向け価格に大きな差をつけることは世界貿易機関（ＷＴＯ）のルール違反です。サウジアラビアがＷＴＯ加盟（二〇〇六年一月実現）を希望した際にも、石油化学原料の二重価格問題は大きな争点になりました。とりあえず特例措置として継続が認められたという経緯がありましたが、いずれにしろ、今までのような極端な二重価格を永遠に維持することはもはや不可能であると予想されます。

一方、今まで、原油採掘、石油精製事業に特化していたサウジ・アラムコが、ＳＡＢＩＣの領分である石油化学事業に参入を希望するようになりました。石化原料二重価格問題があるかぎり当然の論理です。ＳＡＢＩＣに強力な競争相手が出現したことになります。

活動拠点を世界へ

このように、はためには順風満帆にみえたＳＡＢＩＣも、さまざまな課題を抱えるようになりました。これに対してＳＡＢＩＣは二〇〇〇年代に入ると、大胆な対応策をつぎつぎと実行してきました。まず、二〇〇二年にオランダの伝統ある化学会社ＤＳＭの石油化学事業を買収し、欧州の石油化学中心地で石油化学製品の生産と販売事業を始めました。さらに二〇〇七年には米国ゼネラル・エレクトリックの世界最大のエンジニアリングプラスチック事業を買収し、ＳＡＢＩＣイノベーティブプラスチックを設立しました。サウジアラビア国内を製造拠点に石油化学基礎製品を中心に事業展開してきた会社が、わずか五年で欧州各地はもちろん北米、中南米、アジアに生産拠点や研究拠点をもち、国外で幅広い化学事業から最先端技術を結集したエンジニアリングプラスチックまで手がけるように変身したのです。

活動拠点を世界に広げる延長として、従来、石油化学製品の大輸出先であった中国での石油化学投資も行いました。二〇一〇年に稼動を開始したシノペックとの合弁事業　中沙（天津）石化です。

このような世界に事業拠点を広げる大規模な投資は、ＳＡＢＩＣの本来の設立趣旨（サウジアラビアに新産業を建設すること）に合致するのか疑問です。しかもその資金源は、サウジアラビア政府から提供される安価に設定された随伴ガス価格に由来する利益であることを考えると、ＳＡＢＩＣは変身というよりも変質していると考えざるを得ません。

国営化学会社とグローバル競争

急成長する新興国の化学会社でも台湾のＦＰＧや韓国のＬＧ化学のような純民間会社については、違和感はありません。しかし、ＳＡＢＩＣやシノペックのような国営会社がここまで大きな存在になってくると、自由経済競争という面から留意が必要になってきたといえます。

化学産業分野においても、発展途上国の国営化学会社が、国内で事業確立のために活動しているならば寛容にみられましょう。しかし、世界市場に大規模に輸出したり、海外投資による工場建設や海外既存事業の買収をしたりするようになると話は変わってきます。世界のフェアな競争環境を確保するために、ＷＴＯなどで新たなルール確立のための議論が必要な時代になってきたといえましょう。

15　ＦＰＧ、ＬＧ化学、リライアンス・インダストリーズ

発展するアジアの民間企業

続々と生まれるアジア企業群

世界の化学会社売上高ランキングではアジア企業の名前が、二〇〇〇年代には上位一〇〇社の常連となり、その地位は毎年上がっています。表32に示すように、多くの化学会社、大きな化学事業をもつ石油会社がアジアで成長し、すでにグローバルに活動しています。南米では、ブラスケム（ブラジル）、アフリカではサソール（南アフリカ）くらいしかランキングに載る会社がないのに対して、アジアでは、新興化学会社が続々と生まれ、約一〇〇年間、日米欧三極中心体制が続いてきた世界の化学産業を大きく揺るがしています。

国家主導で誕生した東〜南アジアの化学会社

かつてアジア四小龍とか、ＮＩＣＳといわれた韓国、台湾、シンガポール、香港は、早くも一九七〇年代に発展途上国段階の経済からテイクオフ（離陸）しました。その動きは、一九八〇年代にタイ、

表32　アジア各国の代表的な化学事業を行っている会社†

国	形態	企業，企業グループ	化学分野
中国	国営	SINOPEC（シノペック，中国石油化工）	石油化学
	国営	CNPC（ペトロチャイナ，中国石油天然ガス）	石油化学
	国営	CNOOC（中国海洋石油）	石油化学
台湾	民営	FPG（台塑関係企業）	—
	民営	FPC（台湾塑膠工業）	石油化学
	民営	Nan Ya（南亜塑膠工業）	プラ加工，電材
	民営	FCFC（台湾化学繊維）	合成繊維
	民営	FPCC（台塑石油化学）	石油化学
	国営	CPC（台湾中油）	石油化学
	民営	チーメイ（奇美実業）	石油化学
韓国	民営	LG 化学	石油化学，電材
	民営	ロッテ化学	石油化学
	民営	SK グローバル化学	石油化学
	民営	麗川 NCC	石油化学
	民営	ハンファ・ケミカル	石油化学
	民営	ハンコックタイヤ	タイヤ
	民営	アモーレパシフィック	化粧品
インド	民営	リライアンス・インダストリーズ	石化，合繊
	国営	GAIL	石油化学
	公営	HPL（ハルディア石油化学）	石油化学
タイ	国営	PTT グローバル・ケミカル（タイ石油公社系）	石油化学
	民営	SCG ケミカルズ（サイアム・セメント系）	石油化学
マレーシア	国営	PCG（ペトロナス・ケミカルズ・グループ）	石油化学
サウジアラビア	国営	SABIC（サウジアラビア基礎産業公社）	石化，基礎化
	国営	サウジ・アラムコ	石油化学
クウェート	国営	KPC（クウェート国営石油）	—
	国営	PIC（石油化学工業）	石油化学
	国営	KNPC（クウェート国営石油）	石油化学
	民営	QPIC（クライン石油化学工業）	石油化学
アラブ首長国連邦	国営	ADNOC（アブダビ国営石油）	石油化学
カタール	国営	QP（カタール石油）	石油化学
イラン	国営	NPC（国営石油化学）	石油化学

†　石油などの事業が主体となっている会社も含む.

マレーシア、インドネシアなど東南アジア諸国連合（ＡＳＥＡＮ）各国に波及し、さらに一九九〇年代に中国、二〇〇〇年代にインドがテイクオフしました。

このような動きは、経済全般についてだけでなく、化学産業についても当てはまります。経済のテイクオフによって、それまで細々と使ってきた木材、天然繊維などの材料から、プラスチック、合成繊維などをふんだんに使うようになる高分子材料革命が起こりました。これら新材料の内需と輸入の急増に対処するために、各国政府は自国内に化学産業を興す政策を進めます。特に石油化学コンビナートの建設には、港湾、発電所、工業用水、道路などのインフラの整った広大な敷地と大規模な設備資金が必要なため、国営化学会社が設立されました。

また、外国資本を含めた民間投資を誘導するために、優遇政策が行われる一方で、設備新増設の許認可など参入規制政策も行われました。

豊富な石油収入が生んだ西アジアの化学会社

すでにサウジアラビアのＳＡＢＩＣで述べたように中東の石油・ガス資源国は、一九七〇年代の石油危機によって石油の価格が上がり、石油収入が急増しました。各国政府は、この豊富に流入した資金を使って、原油採掘に伴って得られるガスなどの未利用資源の活用、資源の高付加価値化、国内新産業の育成を図るために、基礎化学品（アンモニア、メタノール、電解ソーダ・塩素）と石油化学を中心とした化学産業を興すことを計画しました。

この計画を担う主体としては、既存の国営石油会社が当たったり、国営化学会社が設立されたりしました。計画はおもに欧米化学会社との合弁方式で進められ、資金・技術の導入が図られました。一九八〇年代にはつぎつぎと大規模な化学工場が完成し、東～南アジアの急増する化学品需要に支えられて、二〇〇〇年代まで中東の化学会社は急速に成長してきました。

国営会社のはらむリスク

経済のテイクオフが進み、民間資本が育ってくるとともに、韓国、シンガポールでは、国営会社の民営化が順調に進展しました。また、台湾、タイ、インドでは、参入規制政策の緩和によって、国営会社に匹敵、あるいは凌ぐ規模にまで成長した民間化学会社が生まれてきました。

しかし、マレーシア、タイ、インドでも、まだ国営会社の民営化を積極的に進めるまでには至っていません。特に中国の化学産業では国営三社が強く、これに競合できる規模の民間化学会社は育っていません。経済全般の話になりますが、中国と高度成長期の日本・韓国・台湾を比較すると、国営企業の力が強い中国の投資効率が悪いこと、しかも、この傾向

表33　中国と高度成長期の日本・韓国・台湾の投資効率の比較（関 志雄,「中国, 問われる国家資本主義」, 日本経済新聞2012年5月24日より作成）

		投資比率（GDP比, %）	成長率（%）	限界資本係数†（投資比率/成長率）
中国	（1991～2011）	40.5	10.4	3.9
	（2009～2011）	48.1	9.6	5.0
日本	（1961～1970）	32.6	10.2	3.2
韓国	（1981～1990）	29.6	9.2	3.2
台湾	（1981～1990）	21.9	8.0	2.7

†　限界資本係数は, 値が大きいほど投資効率が悪いことを示す.

はリーマンショック以降、一段と顕著になっているといわれます（表33）。中国国内でも国営会社の民営化など改革加速を求める声が出ていますが、既得権益集団の反対と抵抗で進まない状況です。

一方、中東では、この地域の化学産業の競争力を支える安価な原料資源の供給が政府の手に握られているために、国営会社の民営化は進めにくい状況です。わずかにクウェートのクライン石油化学工業のような民間化学会社が育ちつつあることが、ようやく見えてきた状態です。

世界の化学産業の檜舞台に登場したアジア新興企業の多くが民間会社ならば、その台頭は世界の化学会社の新陳代謝をもたらすものとして、世界中から賛同を得られるはずです。しかし中国や中東を中心に、多数の国営会社が世界の大手化学会社とよばれる規模にまで成長してくると、公平な企業間競争が妨げられるとの批判が生まれてきます。国家資本主義の問題です。

もっとも、日本や韓国の例をみると、高分子材料革命が終了し、石油化学国内需要の急成長が一段落するとともに、多種類の高機能化学品需要や消費財化学品需要が増大してきます。そうなると大艦巨砲型の国営化学会社や政府の規制や介入ではもはや対応できなくなり、自ずと民間化学会社の力が強くなってきます。ASEAN各国やインドは、いずれはこのコースをたどるものと予想されます。しかし、国家資本主義の中国と国有石油・ガス資源に依存した化学産業をつくり上げてきた中東各国では、国営化学会社中心体制からの転換が難しいと予想されます。

現時点では、化学産業分野で国営化学会社の活動によって、国際的な軋轢《あつれき》を起こすまでには至っていません。しかし、中東国営化学会社も、韓国、台湾の民間化学会社も中国への化学製品の輸出に依存しすぎていることから、近づきつつある中国の高分子材料革命の終了時点（石油化学需要急成長時代の終わり）では、アジア全体を揺るがすような軋轢が生じることが予想されます。世界の化学産業は大きな火種を抱えつつあるといえましょう。

このような背景を踏まえると、アジア新興会社の中で代表的な民間化学会社ＦＰＧ、ＬＧ化学、リライアンス・インダストリーズの三社の存在は重要です。アジア化学会社の健全な発展を考えるうえからも、三社の成長の軌跡をたどってみます。

台湾のＦＰＧ

ＦＰＧは、台塑関係企業（Formosa Plastics Group）の略称であり、表32に示す台湾塑膠工業（ＦＰＣ）を中核企業として南亜塑膠工業、台湾化学繊維、台塑石油化学など多数の企業が、石油精製、石油化学の川上から川下、合成繊維から繊維製品、電子情報材料から電子部品までにわたり、幅広い事業展開をしている台湾ナンバーワンの民間企業グループです。一九五四年に王永慶がＦＰＣを設立したことに始まります。王永慶は「台湾の松下幸之助」といわれますが、このような立志伝的創業者は、ＬＧ化学にも、リライアンス・インダストリーズにも生まれています。同じ台湾の民間化学会社で、ＡＢＳ樹脂世界ナンバーワンの生産会社　奇美実業にも、許文龍という有名な創業者がいます。

王永慶は、ＦＰＣでの塩化ビニル樹脂の生産に続いて、それを加工してフィルム、合成皮革など二次製品をつくる南亜塑膠工業、さらに塩ビ製品を使ってかばん、おもちゃなど三次製品をつくる会社も設立して三次製品の輸出で大成功しました。このように化学事業を単独で行わず、垂直展開や水平展開を行う経営方法を、王永慶はつぎつぎに行ってFPGを大きく成長させました。

一九六五年に台湾化学繊維で始めたレーヨン・合成繊維事業は、紡糸から紡績・織物、染色、アパレルにまで展開し、一方、一九七八年に米国で塩化ビニル樹脂から始めた事業は、二次、三次製品、さらにさかのぼってオレフィン、天然ガスへと拡張しました。一九八四年に南亜塑膠工業で始めた銅張り積層板、プリント回路事業は、ウエハー、半導体メモリDRAM、液晶ディスプレイへと拡大しました。

一方、台湾国内のエチレン生産など石油化学基礎製品工業は、国営石油精製会社である台湾中油が、一九六八年の第一クラッカー（ナフサなどを熱分解してオレフィンや芳香族化合物を得る装置。石油化学コンビナートの中心）から一九九四年の第五クラッカーまで独占的に担ってきました。FPCは、台湾中油のコンビナートに参加して塩化ビニルモノマーから塩化ビニル樹脂をつくる誘導品会社にすぎませんでした。しかし王永慶は一九八〇年代からFPGによるクラッカー建設を台湾政府に要求し、ようやく一九九九年スタートの第六クラッカーによって石油化学基礎製品事業、さらに石油精製事業への参入に成功しました。

FPGはその後、台湾から中国への石油化学製品輸出急増の波にのって、二〇〇七年までの短期間にエチレン生産能力を約三〇〇万トンにまで増強し、台湾中油の約一一〇万トンを大きくしのぐほどに成長しました。FPGは、さらに中国の寧波でスチレン系樹脂などの石油化学投資を進め、石油化学基礎製品まで展開する計画を立ててきましたが、さまざまな事情からこのプロジェクトの進行は遅れています。

韓国のLG化学

LG化学は、具仁會が一九四七年に化粧品（男性用ポマードと化粧水）を生産する楽喜化学工業を設立して始まりました。この会社はその後、歯磨きで大ヒットを飛ばし、韓国市場を独占するほどになりました。化粧品容器を内製化するために、プラスチック生産とその成形加工事業を始め、一九六二年には電線ケーブルと塩化ビニル樹脂の生産を始めたことによって化学事業の内容を大きく転換しました。

一方、具仁會は一九五九年にラジオ組立て会社として金星（ゴールドスター）を設立し、これが後にLGグループの化学事業と並ぶ柱である家電・エレクトロニクス事業へと発展していきます。また一九六七年にはカルテックスとの合弁で湖南精油（現在のGSカルテックス）を設立し、LGグループが飛躍するきっかけをつくりました。韓国にはそれまではガルフオイルと韓国政府が共同出資して設立した大韓石油公社がありましたが、湖南精油は韓国では初めての民間石油精製会社でした。

こうして具仁會は、石油・化学事業と家電・エレクトロニクスを二本柱とするLGグループの基礎を築いて一九六九年に他界しました。LGグループは、その後も、韓国四大企業グループの一つとして着実に発展していきました。

LG化学は一九八〇年代に韓国では初めての民間エチレン製造会社大林産業（現在の麗川NCC）の麗川コンビナートに参加し、塩化ビニル樹脂、スチレン系樹脂事業で力を蓄えました。そして韓国政府が石油化学基礎製品への参入を自由化したあとは、一九九一年に麗川地区でナフサクラッカーを建設し、LG化学独自のコンビナートを完成しました。しかし、この規制緩和が遅すぎたために、すでに十分な力を蓄えていた多くの民間企業グループが、一九九〇年代初頭に一斉に石油化学分野に新規参入するという事態を招いてしまいました。

一九九七年にタイで始まったアジア為替・金融危機は、韓国経済を直撃し、積極投資によって事業範囲を拡大してきた三星、現代などの企業グループは大打撃を受けました。しかしLGグループは、創業者 具仁會の築いた二本柱を中心とした堅実経営であったために打撃が少なく、危機後の再編成の嵐のなかでは、LG化学と湖南石油化学（現在のロッテ化学）が二〇〇三年に現代石油化学を買収するなどによって、LG化学は韓国ナンバーワンの化学会社の地位を確立しました。それとともに、三星電子、LG電子を筆頭とする韓国エレクトロニクス産業の二〇〇〇年代の大発展に対応して、偏光板、シリコンなどの電子材料から最近はリチウムイオン電池、太陽電池など電池製品事業にまで展開しています。LG化学はいまや機能化学製品分野においても、日本の化学会社の有力な競争相手になっています。

インドのリライアンス・インダストリーズ

リライアンス・インダストリーズは、ディルバイ・アンバニーが一代で築き上げたインド最大の民間企業グループです。インドにはタタ自動車で有名なタタグループやビルラグループのような一〇〇年以上の歴史のある民間企業グループがある一方、かつての社会主義政策の名残で政府や州が設立した公営企業が強いという一面もあります。特に石油や石油化学基礎製品分野では、リライアンス・インダストリーズ以外は国営企業です。

ディルバイ・アンバニーは、一〇歳台でイエメンに出稼ぎに行き、帰国後二〇歳台で繊維の貿易会社を興し、三〇歳台の一九六六年に繊維会社としてリライアンス・インダストリーズを設立、思い切った新鋭設備の導入によって成功しました。この成功のうえに、四〇歳台で株式を公開し、インドで初めて証券市場に大衆投資家を呼び込むことに成功しました。証券市場を通じた大規模な資金調達は、その後リライアンス・インダストリーズが合成繊維、石油化学、さらに石油精製、原油・ガス開発へと大発展するための基盤になりました。

ディルバイ・アンバニーは五〇歳台の一九八二年にポリエステル繊維、一九八六年にはその原料となるテレフタル酸、一九八八年にはさらにテレフタル酸の原料となるパラキシレンの生産を始め、本格的に化学産業に参入しました。続いて六〇歳台の直前の一九九一年には石油化学コンビナートの建設に着手し、まず塩化ビニルモノマーと塩化ビニル樹脂、さらにポリエチレンと事業の範囲を順次広げ、一九九八年にはついに当時世界最大級のクラッカー（エチレン年産八〇万トン）を完成させました。一九九九年にはディルバイの長年の夢であった世界最大級の石油精製工場も建設したうえで、二〇〇二年にリライアンス・インダストリーズの創業者ディルバイ・アンバニーは他界しました。

リライアンス・インダストリーズは、その後もガス田、油田開発事業に参入して成功し、インドを石油製品輸出国に変身させました。合成繊維分野ではドイツのポリエステル会社買収、石油化学分野ではインドの先発石油化学会社であるインド石油化学に二〇〇二年資本参加、さらに二〇〇七年には完全買収し、またナショナル・オーガニック・ケミカル・インダストリーズも二〇〇四年に買収し、インドの合成繊維、石油化学業界では圧倒的な地位を築くとともに、世界的にも注目されるようになりました。インド石油化学は、一九六九年に設立された国営石油化学会社であり、一九九一年に完成した三〇万トン級エチレンプラントは、一九九八年にリライアンス・インダストリーズが新プラントを完成させるまで、インドで唯一の大規模エチレンプラントでした。リライアンス・インダストリーズは、果敢な投資、大胆な買収戦略によって、二〇年弱の短期間で世界のトップ化学会社の仲間入りを果たしました。

アジア民間会社のこれから

このように、FPG、LG化学、リライアンス・インダストリーズとも、国営会社との競合にもまれながらも、企業家精神にあふれた創業者と、その衣鉢を継いだ経営者によって、急速に成長してきたといえましょう。しかし、各国の置かれた状況によって違いはありますが、化学会社としてみた場合には、広がりすぎた事業を整理して体質を強化することも必要になっていると思われます。

III　世界の視点から見た日本の化学企業

16　ブリヂストン、三菱ケミカルホールディングス武田薬品工業、世界トップテン入りなるか

意外な健闘

本書の最後に、世界という視点から日本の化学会社を取上げてみたいと思います。世界の化学会社売上高ランキング（二〇一二年）では、トップ八五社の中に日本は一八社を数え、一位米国の二七社についで二位に位置し、三位ドイツの八社、四位フランスと英国の五社を大きく引離しています。意外な健闘といえましょう。

しかし、ベストテンに入るような巨大な会社はありません。自動車産業、電機電子産業、鉄鋼業など日本の代表的な産業では、すでに一九八〇年代から、多くの日本の会社が世界トップテンに入っているのに、化学産業は大きく遅れをとっています。

化学産業というと、石油化学工業しか見ないで、日本のエチレンプラントは小規模で国際競争力がないとか、世界の中で小さい会社ばかりというような議論が、日本では昔からしばしば行われてきました。しかし、化学産業は石油化学ばかりでなく、プラスチック・ゴム加工、機能化学、医薬、産業

ガス、アグリビジネス、消費財と幅広く、石油化学だけを見ていては全体を見誤ります。日本の化学会社の中にも、タイヤ（ゴム加工品）のブリヂストン、印刷インキのＤＩＣ、半導体用シリコンの信越化学のように、特定分野で世界ナンバーワンの会社が生まれており、グローバルに活躍する会社も多数生まれつつあります。

また、かつての写真感光材料工業の巨人であったイーストマン・コダックが、デジタルカメラ普及による写真フィルムの急速な需要激減のために二〇一一年末に倒産したのに対して、富士フイルムホールディングスがＭ＆Ａに頼らず、企業内で新事業を育てる経営法によって、事業構造転換に成功したことが対照的になりました。このため日本の化学会社の長期的視野に立った経営法が改めて見直されています。

今後、日本からも世界のトップテンに入るような化学会社が生まれる可能性は高まっていると思います。そのなかから代表的な三社を紹介します。

ブリヂストン——誕生と成長

ブリヂストンは、日本の化学会社の中で代表的なグローバル企業なので、やや詳しく紹介します。

ブリヂストンは、石橋正二郎が一九三一年に福岡県久留米市に設立した会社です。石橋は一九〇六年に商業学校を卒業後、一九一八年には家業を発展させて日本足袋株式会社を設立し、一九二三年に発売したゴム底地下足袋によって大成功しました。今では信じられない話ですが、昭和に入ってもなお、農業や石炭採掘鉱業ではわらじ履きで作業していたので、石橋が発明した地下足袋は飛ぶように売れたといいます。

これがきっかけで石橋はゴム加工業に入り、つぎに始めたゴム靴（ズック靴）でも、それまでは下駄や草履を履いていた学生が一斉に使用し、大成功しました。しかし、石橋の夢はこれにとどまらず、国産タイヤの生産にまで広がりました。これには周囲が大反対しましたが、石橋は強引にタイヤ生産の研究に取組み、外国技術に頼らないで一九三〇年に成功しました。一九三一年には日本足袋タイヤ部を独立させてブリヂストンを設立し、本格的な生産販売に入りました。

空気入りタイヤは、一八八八年アイルランドのダンロップが自転車用に発明し、それがただちに自動車用にも広まりました。ダンロップ社は二〇世紀初めには世界最大のメーカーとなり、日本でも一九一三年にダンロップ護謨（現在の住友ゴム工業）を設立し、生産を開始しました。現在、欧州最大のタイヤメーカーであるフランスのミシュランは、一八八九年に設立され、一八九五年にタイヤに進出しました。

一方、米国では自動車産業の大発展によって多くのタイヤメーカーが生まれ、急成長しました。グッドイヤーは一八八九年に設立され、一九一六年には早くもダンロップを抜いて世界トップの地位に立ちました。ファイアストンは一九〇〇年に、グッドリッチは一八七〇年に設立され、それぞれ自動車タイヤに進出しました。グッドリッチは、一九一七年には日本にも進出して横浜護謨（現在の横浜ゴム）を設立し、タイヤ生産を開始しています。

このようにブリヂストンのタイヤ進出は、世界の中でも日本の中でもかなり遅く、すでに多くの競争相手がいました。しかし、石橋は当初から、世界の自動車会社に向けて国産タイヤを売るという信念を貫いた経営を進め、早くも一九三二年にはタイヤ輸出を始めました。ブリヂストンは、その後、第二次世界大戦と戦後復興という困難な時期を乗越えました。一九五一年には当時世界最大のタイヤメーカーであったグッドイヤーと技術提携を結んでいち早く設備近代化を進め、一九五三年についに日本のタイヤ業界のトップ企業になりました。さらにタイヤ原料となる合成ゴムの国産化のために、政府が設立した日本合成ゴム（現在は完全な民営会社のＪＳＲ）に出資するとともに、石橋は一九五七年には初代社長にも就任しました。

ブリヂストン――グローバル化のパイオニアとしての苦難

ブリヂストンは、日本の化学会社の中では非常に早くから海外展開を始め、一九六〇年代には世界各国に自社販売拠点をつくり、一九六五年にマレーシアに海外工場を建設しています。一九八〇年にはオーストラリアで、米国のユニロイヤルの現地法人を買収しました。これは欧米企業の子会社を買収し、経営する初めての経験となりました。

この経験を受けて、一九八三年には米国のファイアストンのトラック・バス用タイヤ工場を買収して初めて米国に生産拠点をつくります。日米貿易摩擦の結果、日本の自動車会社が米国進出を本格化させたことへの対応でした。

さらに一九八八年には米国第二位のタイヤメーカーであったファイアストンを二六億ドルで買収しました。この買収は、イタリアのピレリに競り勝ったもので、日本の化学業界では最も早い時期の海外企業大型買収として話題になりました。同じ年にフランスのミシュランが米国第三位のグッドリッチのタイヤ事業を買収したので、世界のタイヤ工業は、ブリヂストン、ミシュラン、グッドイヤーの巨大三社がリードする体制に変わりました。

このように表面的な経過のみを追っていると、ブリヂストンの成長は順風満帆にみえますが、実情は、グローバル展開のパイオニアとして数々の難局に遭遇し、それを乗越えた歴史です。そこには、多くの日本の化学会社にとって学ぶべきものがたくさんあります。

一九八三年ファイアストンのタイヤ工場買収では、この工場の黒字転換に三年かかりました。先任権など米国の労働慣行に固執する労働組合との折衝、TQC（全社的品質管理）導入による品質改善など、日本の優れた経営法の導入と定着には時間が必要でした。

一九八八年のファイアストン買収は「第二の創業」と位置づけるほどの大きな賭けでした。一挙に米国だけでなく、欧州各国にも販売・生産拠点を拡大することができました。しかし、ファイアストンには営業面でも、生産面でも改善し、立直さなければならない課題が山積していました。しかも、資金調達を多額の借入金に頼らざるを得なかったために、ブリヂストンの財務構造は長年続けてきた超優良企業から転落する結果になりました。買収したファイアストンの黒字転換は、欧州事業が一九九二年に、米国事業は一九九三年にようやく達成できました。

米国、欧州だけでなく、日本を含めたグループ全体の努力によってブリヂストンが再び超優良企業に復帰できたときに、さらにつぎの大波が押寄せました。一九九九年に米国で起きたフォード車事故のファイアストンタイヤ疑惑事件です。タイヤの自主回収・交換、米国公聴会をはじめとする議会、行政、司法への対応、フォードとの関係悪化など大きな困難に直面し、二〇〇一年にはブリヂストンは上場以来、初めての赤字に陥りました。財務面ばかりでなく、企業イメージにも深い打撃を受けました。事故原因の追求（ファイアストンタイヤが原因でなかったとの結論）、米国世論の説得、フォードとの和解などが終了したのは二〇〇五年でした。

このようにつぎつぎにやってくる困難にもかかわらず、ブリヂストンは、グローバル化、合理化、技術革新、事業多角化を着々と進め、タイヤについては、すでに一九九〇年代後半に海外生産は六〇パーセント、海外販売は八〇パーセントのレベルにまで到達しました。

二〇〇〇年代には、急速に拡大する新興国市場への事業展開を図っていますが、市場成長に追いつかず、図24に示すようにブリヂストンを含めて、タイヤトップ

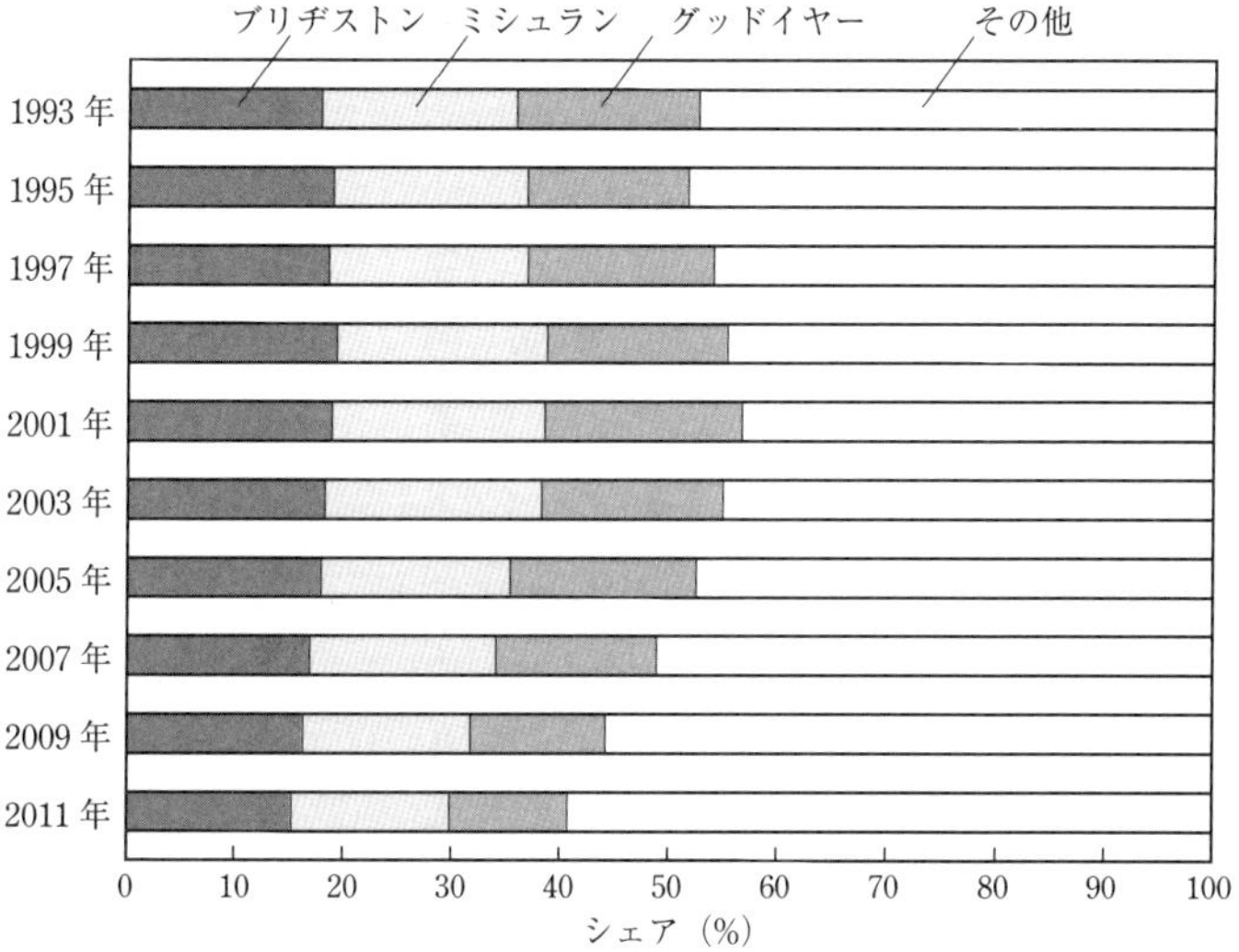

図24　タイヤトップ3社の世界タイヤ市場シェア推移（ブリヂストンデータ2012，2005より作成）

三社のシェアは、徐々に低下しています。近い将来に一九八八年のような大きなM&Aを起こすのか、それともトップスリーに対抗するような新たな新興企業が生まれるのかの岐路に立っています。

表34　武田薬品工業の代表的な新薬・国際製品

年	商品名	説 明
1952	アリナミン	ビタミンB_1系
1972	リラシリン	合成ペニシリン
1980	パンスポリン	セフェム系抗生物質
1982	ベストコール	セフェム系抗生物質
1988	リュープリン	前立腺がん治療薬†
1990	カルスロット	高血圧症治療薬
1992	タケプロン	抗潰瘍薬†
1994	ベイスン	糖尿病治療薬
1997	プロブレス	高血圧症治療薬†
1999	アクトス	糖尿病治療薬†
2005	ロゼレム	睡眠障害治療薬†
2009	デクスラント	逆流性食道炎治療薬†
2010	ネシーナ	糖尿病治療薬†
2010	アジルサルタン	高血圧症治療薬†

†　日本だけでなく，海外でも販売の国際製品.

武田薬品工業——グローバル企業へ変身

すでにファイザーをはじめとする米国の医薬品会社を、またロシュをはじめとする欧州の医薬品会社の激しいグローバル競争を紹介しました。日本の医薬品工業もグローバル競争の渦中にあります。日本国内の医薬品販売額による会社ランキングトップテンのうち、外資系企業が四社を占め、また医薬品の輸入超過金額は、二〇〇〇年の二二〇〇億円から二〇一二年には一兆六二〇〇億円に急増しています。

このような事業環境の大きな変化の中で、日本のトップ医薬品会社である武田薬品工業は、大阪・道修町の薬種問屋としての創業が一七八一年、医薬品製造の株式会社としての設立が一九二五年という歴史のある会社ですが、グローバルな医薬品会社へと急速に変身しつつあります。表34に示すようにすでに一九九〇年代初めから世界各国に販売する国際製品をつぎつぎと自社開発できるレベルに到達し、二〇一一年には海外売上高が五一パーセントに達しました。

二〇〇〇年代には表35に示すように、医薬品以外の化学事業を売却して事業構造を医薬品に集中するとともに、海外医薬品会社の買収によって、グローバル化を加速しています。特に注目されるのは、研究拠点の世界配置を急速に進めたことです。二〇一一年に開設した湘南研究所を中核として、遺伝子改変動物の作製と評価技術に強い武田ケンブリッジ（英国）、タンパク質結晶化・X線結晶解析技術と抗体医薬研究の武田カリフォルニア（サンフランシスコ、

表35　武田薬品工業のM&Aによる事業構造転換の軌跡

年	M&A内容	説　明
2005	売　却	動物薬事業をシェーリング・プラウ（現在のメルク・アンド・カンパニー）に
2005	買　収	米国バイオベンチャーのシリックス社（武田カリフォルニア/サンディエゴ）
2006	売　却	ウレタン事業を三井化学に
2006	売　却	ビタミンバルク事業をBASFジャパンに
2007	売　却	農薬事業を住友化学に
2007	売　却	調味料食品事業をキリンビールに
2007	売　却	ビタミン飲料・食品事業をハウス食品に
2007	買　収	英国バイオベンチャーのパラダイム・セラピューティク（武田ケンブリッジ）
2008	買　収	米国アムジェンの日本子会社（武田バイオ開発センター）
2008	子会社化	米国TAP社（アボットとの合弁会社）の分割
2008	買　収	米国ミレニアム・ファーマシューティカルズ
2011	買　収	スイスのナイコメッド
2012	買　収	米国URLファーマ
2012	買　収	ブラジルのマルチラブ

サンディエゴ）、がん研究に強いミレニアム・ファーマシューティカルズ（ボストン）のグローバルな先端研究開発ネットワークをつくりあげ、日米欧のアカデミアとの共同研究を効率よく進める基盤ができました。

欧米の巨大医薬品会社に追いついて、化学会社世界トップテンに入るには、もう一段の飛躍が必要です。しかし、販売や生産の進出国を二八カ国から一挙に約七〇カ国に拡大させたナイコメッド買収などの最近の急激な動きには、その予感を感じさせる勢いがあります。

三菱ケミカルホールディングス——持ち株会社制の有効活用

三菱ケミカルホールディングスは持株会社です。その傘下の事業会社として、三菱化学、田辺三菱製薬、三菱樹脂、三菱レイヨンをもっています。その成立経過は、図25に示すように多くの会社が関与して複雑です。中核となる三菱化学は、一九九四年に三菱化成と三菱油化が合併した会社です。三菱化成は、第二次世界大戦後は、住友化学と並んで日本を代表する総合化学会社でした。しかし、その歴史は一九三四年設立の日本タール工業という石炭化学の会社から始まっており、住友化学、三井化学、旭化成などに比べると意外に新しい会社です。

三菱ケミカルホールディングスは、日本で最大の化学売上高をもつ会社ですが、石油化学、機能化学、医薬、プラスチック成形加工と、個々の事業をみると世界ランキングのトップクラスに入るものは少なく、しかも三菱レイヨンを例外として、全般的にグローバル化の遅れた会社です。しかし、持株会社制度を活用して、多くの会社を統合するという経営手法を積極的に活用している会社として注目されます。

日本では第二次世界大戦後、長い間、一貫して持株会社が禁止されてきましたが、一九九七年独占禁止法改正によってようやく解禁されました。これに対応して、三菱ケミカルホールディングスは、二〇〇五年一〇月に三菱化学と三菱ウェルファーマの間で持株会社として設立されました。その後、三菱ケミカルホールディングスは、二〇〇七年に三菱樹脂、二〇一〇年に三菱レイヨンと、三菱系化学会社をつぎつぎに統合するとともに、三菱ウェルファーマも、二〇〇七年には創業一六七八年の歴史ある田辺製薬と合併し、日本で第五位の製薬会社に躍進しました。しかも、事業会社間で類似事業を調整し、統合するなど、グループ最適化を積極的に進めています。

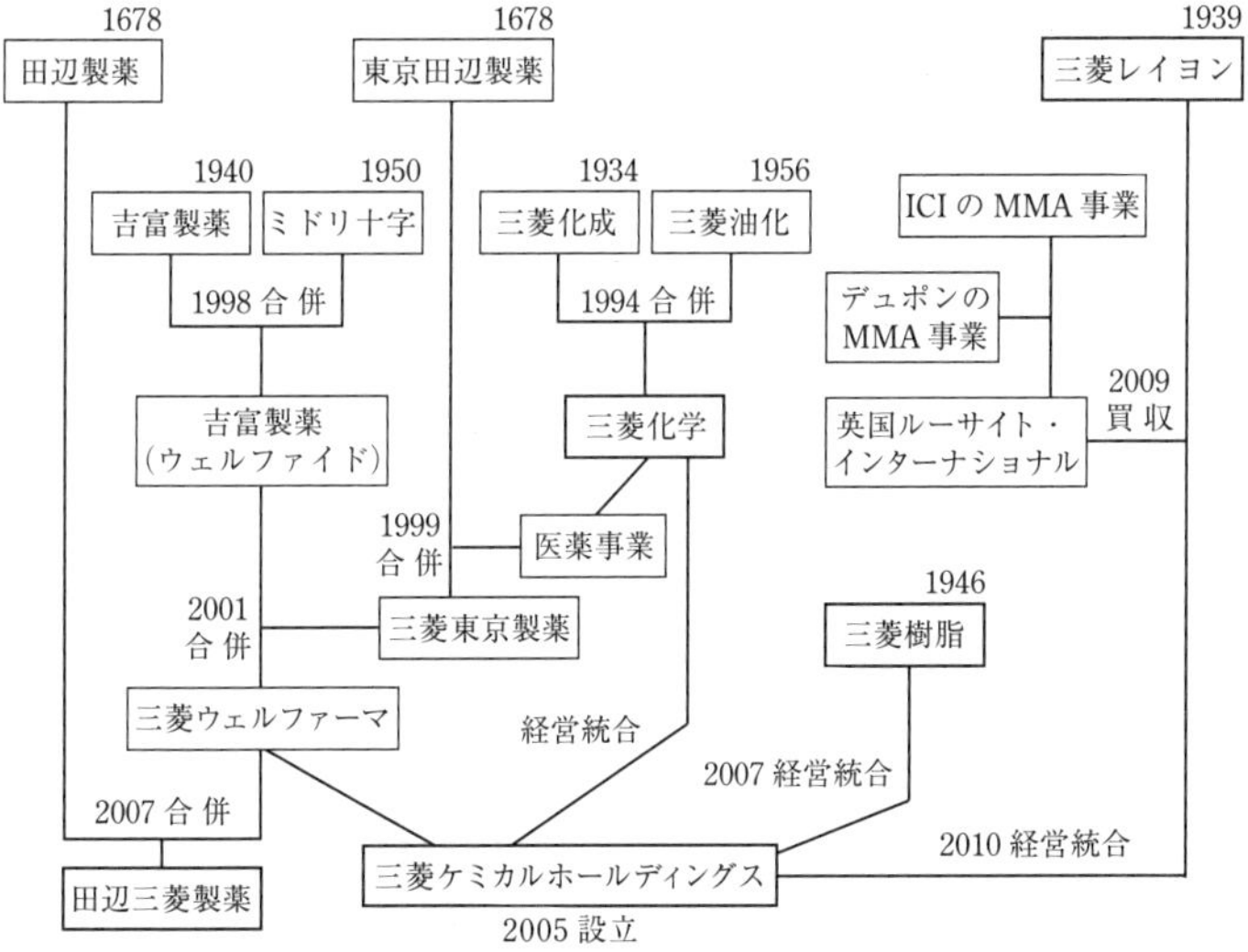

会社名上部の数字は創業年．MMA：メタクリル酸メチル

図 25　三菱ケミカルホールディングスの形成と発展過程（三菱ケミカルホールディングスのホームページより一部修正して作成）

日本では会社合併が、給与体系など人事制度の調整に手間取るためになかなか進まない状態が長く続いてきました。持株会社制はこの障壁を乗越える経営手法です。しかし、持株会社制に移行した日本の化学会社の多くが、単に事業部制を延長した程度にすぎない中で、三菱ケミカルホールディングスが行ってきた日本国内でのM&Aをスムーズに進めるための持株会社制の活用は、今後、日本の化学会社同士の再編成を進めるうえで重要と考えられます。三菱ケミカルホールディングスは、三菱系の枠を超えた大胆な国内M&Aを実行することによって、BASFやダウ・ケミカルに匹敵するような化学会社に生まれ変わることが期待されます。

グローバル競争下の日本の化学会社

二〇世紀はじめに米国の化学会社につづいて日本の化学会社も台頭し、世界の化学産業は、一八世紀、一九世紀と続いた欧州のみの体制から二〇世紀の三極体制に移行しました。そして現在は、アジア化学会社、中東化学会社が続々と成長し、三極体制からつぎのグローバル体制に変わりつつあります。

三極体制とはいっても、欧米は大西洋の両側に位置し、しかも歴史的にも文化的にも交流が盛んなので、化学産業としても早くから一体化していました。しかし日本は欧米から遠く、少量の輸出入取引で関係する程度で、欧米化学会社が日本に投資することも、日本の化学会社が欧米で活動することも、欧米同士に比較すればはるかに小さなものでした。日本の化学会社の主要な関心は、成長する日本市場にあり、海外活動はおもにアジア地域への輸出に限られてきました。競争者と意識する相手はもっぱら日本の会社であり、欧米の巨大な化学会社は、技術開発や市場開発で先行するモデルであり、憧れの対象ではあっても、日本市場に直接乗込んできたり、大量の製品輸出をしたりする競争相手との意識は少なかったのが実情でした。また欧米化学会社も、わざわざ遠い日本市場で苦労してまでもという感覚でした。

ところが二〇世紀末に世界経済のグローバル化が進展し、特に日本近隣のアジアの発展が著しかったために、日本の化学会社は輸出市場の拡大という恩恵をまず享受できました。その半面、アジア地域内に有力な競争者が生まれてきたことには鈍感でした。また、欧米巨大化学会社は、成長する中東、アジア地域に自社の成長機会を求めて、本格的な拠点つくりに乗出してきました。ここで紹介したブリヂストン、武田薬品工業、そのほか詳しい紹介はしていませんが、信越化学、ＤＩＣ、富士フイルムホールディングスなどは、日本の化学会社の中では数少ない欧米での拠点つくりに成功し、グローバルに活動している化学会社といわれています。しかし、それ以外の多くの日本の化学会社にとっては、欧米市場に進出という以前に、目の前のアジア市場で、アジアの会社はもちろん欧米の会社も参加してグローバル競争が行われるようになりました。

二〇一三年一月に提案のあったシンガポールの塗料会社ウットラム・グループによる日本ペイントの買収提案（正確にはウットラム・グループ一〇〇パーセント子会社であるニプシー・インターナショナル・リミテッドによる日本ペイント株式の大規模買付け行為に関する提案）は、日本の化学会社の置かれた環境が今までと大きく変わったことを現実に示したものといえましょう。ＰＰＧインダストリーズ、アクゾノーベルの章で示したように、世界の塗料工業が大きく変化しているのに、日本の塗料会社はその変化への対応を行っていないようにみえます。今回の日本の化学会社への買収提案は、むしろ新興アジア会社のほうが、グローバルな競争環境の変化への対応に積極的であることを示しました。

ロシュの章で述べた二〇〇〇年代初頭の医薬品工業の黒船来航騒ぎ以外、長らく無風状態であった日本の化学産業においても、グローバル競争という環境変化は着々と進んでいます。日本の化学会社も、グローバルに活動し、グローバルな市場に成長の機会を求めるような体質に変わることが早急に必要になっています。

あとがき

この本は、「現代化学」に二〇一一年八月から二〇一二年一二月まで連載した「世界の化学企業」を加筆修正したものです。「現代化学」は、大学・大学院で化学・薬学・生命科学・工業化学を専攻する学生・院生を主要な読者とする技術・研究系の月刊雑誌です。さらに取上げたい会社は、まだまだ、たくさんありますが、地域、分野で整理していくと重複するものも多いので、メインとして取上げた会社と対比する形で図表に載せる程度にとどめたことをお許しください。

近年、経済のグローバル化が急速に進展している一方で、日本からの海外留学希望者が大きく減少しており、日本の若者が内向き志向になり、冒険を求めなくなっているのではないかと懸念されています。このような状況を打開する一助として、若い方に早くから世界の化学産業を知っていただくことを期待して連載を始めました。さらに、化学系の学生・院生にとっては、日頃なじみのない企業経営や化学産業の歴史を意図的に書込みました。これは、卒業後、産業界で働く場合はもちろん、大学・学界で働く場合にも、自分の仕事の方向を考えるうえで必ず役に立つと考えたからです。

幸いにも、連載は学生・院生ばかりでなく、大学の先生方や化学会社で働く方々にも好評でした。さらに化学商社に勤める若手社員のような文系出身の方からも、興味深く読んでいるとの声をいただきました。本書が、化学産業に関心のある多くの方々に読んでいただき、何らかのご参考になることを期待しています。

さて、私が化学会社に勤務していたころ、長らくお世話になった高分子学会・高分子同友会では、定点観測として、五年ごとに欧米調査団を派遣しています。これは、日本の化学会社の研究トップ陣が欧米化学企業を訪れ、事前に送付しておいたテーマについてトップ同士で討論してくる活動です。スポットライトの当たることの少ない地味な活動ですが、日本の化学会社のトップ人材を育成し、視野を広げる上で重要な役割を果たしてきたと考えます。私は、三回、足かけ一五年にわたってこの調査団のための裏方、準備作業に関与してきました。その作業では、まず訪問先企業の沿革から現状、課題などを分析し、その企業にふさわしい討論テーマを考えます。一年半にわたる連載が無事にできあがったのも、このような活動に何回も参加し、さまざまな欧米企業を調査した経験のおかげであると思っています。準備作業中に切磋琢磨していただいた多くの高分子同友会関係者に感謝いたします。

最後に、月刊誌連載中も、また書籍としての出版編集にあたっても、常に適切なアドバイスをいただいた東京化学同人の杉本夏穂子さんに厚く感謝申上げます。

二〇一四年三月

田島慶三

科学のとびら55

世界の化学企業
グローバル企業21社の強みを探る

二〇一四年三月二五日　第一刷　発行

著　者　田　島　慶　三
発行者　小　澤　美　奈　子
発行所　株式会社　東京化学同人
東京都文京区千石三－三六－七（〒一一二－〇〇一一）
電　話　〇三－三九四六－五三一一
ＦＡＸ　〇三－三九四六－五三一六

印刷・製本　美研プリンティング(株)

 ISBN978-4-8079-1295-7

社 名 索 引

社　名	外国語表記および補足	本書の章番号
3M	旧名 Minnesota Mining & Manufacturing	1, 9
ADNOC	Abu Dhabi National Oil Company	15
AKZO		12
BASF	旧名 Badische Anilin-und Soda-Fabrik	3, 4, 5, 8, 11, 12
BOC	旧 Brin's Oxygen Company, 旧 British Oxygen Company	13
BP	旧名 British Petroleum	4, 6
CF インダストリーズ	CF Industries	12
CNOOC	中国海洋石油	15
CNPC	中国石油天然ガス，ペトロチャイナ，中国石油天然気	15
CPC	台湾中油	15
DIC	旧名 大日本インキ	16
DSM		8, 12, 14
FMC コーポレーション	FMC Corporation	12
FPC	Formosa Plastics Corporation, 台湾塑膠工業	14, 15
FPG	Formosa Plastics Group，台塑関係企業	14, 15
GAIL		15
GE	⇒ゼネラル・エレクトリック	
HPL	Haldia Petrochemicals Limited	15
ICI	Imperial Chemical Industries	2, 4, 5, 6, 7, 8, 11, 12
ICMESA		8
IG 染料工業	I.G. Farbenindustrie	2, 4, 5, 7, 8, 12, 13
JSR	旧名 日本合成ゴム	16
LG 化学	LG Chem	15
NPC	National Petrochemical Company（Iran）	15
P&G	Procter & Gamble	3, 5, 8
PCG	PETRONAS Chemicals Group	15
PIC	Petrochemical Industries Company	5, 15

社 名 索 引

社　名	外国語表記および補足	本書の章番号
PPG インダストリーズ	PPG Industries, 旧名 Pittsburgh Plate Glass	1, 11, 12
PTT グローバル・ケミカル	PTT Global Chemical	15
QP	Qatar Petroleum	15
R & H	⇒ローム・アンド・ハース	
SABIC	Saudi Basic Industries Corporation	6, 14, 15
SCG ケミカルズ	SCG Chemicals, Siam Cement Group	15
SINOPEC	⇒シノペック	
SK グローバル化学	SK Global Chemical	15
UCC	⇒ユニオン・カーバイド	
W. R. グレース	W. R. Grace & Company	12
アクゾ	Akzo	12
アクゾノーベル	AkzoNobel	1, 11, 12
アグファ	Agfa	4
アグファ・ゲバルト	Agfa-Gevaert	4
アーコ	Arco	6
旭化成		5, 16
旭硝子		11
旭ダウ		5
アシュランド	Ashland	12
アストラ	Astra	8, 12
アストラゼネカ	AstraZeneca	4, 8, 12
アベンティス	Aventis	4, 8
アボット・ラボラトリーズ	Abbott Laboratories	4, 7, 9
アムジェン	Amgen	7, 9
アメリカン・ホーム・プロダクツ	American Home Products (AHP) ⇒ワイス	
アモコ	Amoco	6
アモーレパシフィック	AMOREPACIFIC	15
アライド・ケミカル	Allied Chemical and Dye	3, 5, 10, 12
アルベマール	Albemarle	12
イギリス染料	British Dyestuffs Corporation	12
イーゲー染料工業	⇒IG 染料工業	
イーストマン・ケミカル	Eastman Chemical	10, 12
イーストマン・コダック	Eastman Kodak	16
イネオス	INEOS	4, 6
イノビーン	Innovene	6

社　名	外国語表記および補足	本書の章番号
イムネックス	Immunex	9
イーライ・リリー	Eli Lilly	5, 7, 9
ウエラ	Wella	3
エアープロダクツ	Air Products and Chemicals	13
エア・リキード	Air Liquide	13
エクソンモービル	ExxonMobil	5, 6, 14
エチル・コーポレーション	Ethyl Corporation	12
エフ・ホフマン・ラ・ロシュ	⇒ロシュ	
エボニック	Evonik Industries ⇒デグッサ	
エルフ・アキテーヌ	Elf Aquitaine	6
エンカ	Enka	12
エンゲルハルト	Engelhard	4
オキシケム	OxyChem ⇒オキシデンタル・ケミカル	
オキシデンタル・ケミカル	Occidental Chemical	6
オルガノン・バイオサイエンシズ	Organon Biosciences	12
ガイギー	Geigy	8
カイロン	Chiron Corporation	9
花　王		3
カッセラ	Cassella	4
ガーディアン	Guardian Industries	11
ガルフ・オイル	Gulf Oil	6
カ　レ	Kalle	4
関西ペイント		11, 12
カンタム・ケミカル	Quantum Chemicals	6
奇美実業	⇒チーメイ	
キャボット・コーポレーション	Cabot Corporation	12
ギリアド・サイエンシズ	Gilead Sciences	9
キリン・アムジェン	Kirin-Amgen	9
キリンビール		9
グッドイヤー	Goodyear	16
グッドリッチ	Goodrich	16
クライン石油化学工業	Qurain Petrochemical Industries Company (QPIC)	15
グラクソ・ウェルカム	Glaxo Wellcome	8
グラクソ・スミスクライン	GlaxoSmithKline	8
クラリアント	Clariant	8, 12
グランツストッフ	Glanzstoff	12
グリースハイム・エレクトロン	Griesheim-Elektron	4, 5

社名索引

社　名	外国語表記および補足	本書の章番号
グレース	⇒W. R. グレース	
ケイン・ケミカル	Cain Chemical	6
ケマ・ノーベル	Kema Nobel	12
ケミラ	Kemira	12
コグニス	Cognis	4
コートルズ	Courtaulds	12
湖南石油化学	⇒ホナム石油化学	
コーニング	Corning	5, 11
コノコ	Conoco	2, 5, 6
コノコフィリップス	ConocoPhillips	6
コルゲート・パーモリーブ	Colgate-Palmolive	3
サイテック・インダストリーズ	Cytec Industries	12
サウジアラビア基礎産業公社	⇒SABIC	
サウジ・アラムコ	Saudi Arabian Oil Company	5, 14, 15
サソール	Sasol	15
サノフィ	Sanofi	4, 8
サノフィ・アベンティス	Sanofi Aventis	4
サノフィ・サンテラボ	Sanofi Synthélabo	4, 8
サビック	⇒SABIC	
サンゴバン	Saint-Gobain	11
サンド	Sandoz	8
ジェネティックス・インスティチュート	Genetics Institute	9
ジェネンテック	Genentech	7, 8, 9
シェブロン	Chevron	3, 6
シェブロン・フィリップス・ケミカル	Chevron Phillips Chemical	6
シェーリング	Schering	4
シェーリング・プラウ	Schering-Plough	5, 7, 12, 16
シェル	Royal Dutch Shell	4, 5, 6
ジェンザイム	Genzyme	8, 9
資生堂		3
シータス	Cetus Corporation	8, 9
シッケンズ	Sikkens	12
シノペック	SINOPEC	6, 14, 15
ジボダン	Givaudan	8
シャーウィン・ウィリアムズ	Sherwin-Williams	11
ジョンソン・エンド・ジョンソン	Johnson & Johnson	7, 8, 9
ジレット	Gillette	3

4

社　名	外国語表記および補足	本書の章番号
信越化学		16
シンジェンタ	Syngenta	2, 4, 8, 12
スタイロルーション	Styrolution	4
スタンダード・オイル	Standard Oil	2, 4, 6
ストウファー・ケミカル	Stauffer Chemical	12
ズード・ヘミー	Süd-Chemie	8
スミスクライン・ビーチャム	SmithKline Beecham	8
スミスクライン・フレンチ	Smith, Kline & French	7
スミスクライン・ベックマン	SmithKline Beckman	8
住友化学		16
住友ゴム工業		16
スリーエム	⇒3M	
ゼネカ	Zeneca	8, 12
ゼネラル・エレクトリック	General Electric（GE）	14
セラニーズ	Celanese	4, 8, 12
セローノ	Serono	8
ソーカル	SOCAL, Standard Oil of California	6
ソルーシア	Solutia	10
ソルベイ	Solvay	6, 8, 12
台塑関係企業	⇒FPG	
台糖ファイザー		7
大日本インキ	⇒DIC	
大林産業	⇒ヨチョン NCC	
台湾塑膠工業	⇒FPC	
台湾中油	⇒CPC	
ダウエランコ	DowElanco	5
ダウ・ケミカル	Dow Chemical	3, 5, 10, 12
ダウ・コーニング	Dow Corning	5
武田薬品工業		16
田辺三菱製薬		16
ダンロップ	Dunlop	16
チバ	Ciba	8
チバガイギー	Ciba-Geigy	8
チバ・スペシャルティ・ケミカルズ	Ciba Specialty Chemicals	4, 8
チーメイ	奇美実業，Chi Mei Corporation, CMC	15
中外製薬		8

社 名 索 引

社　名	外国語表記および補足	本書の章番号
中国海洋石油	⇒CNOOC	
中国石油化工	⇒シノペック	
中国石油天然ガス	⇒CNPC	
テキサコ	Texas Company	6
デグッサ	Degussa	4
デュポン	DuPont	2, 3, 4, 5, 6, 10, 11, 12
東燃ゼネラル石油		6
トタル	Total	4, 6
ナイコメッド	Nycomed	16
ナショナル・ディスティラーズ	National Distillers	6
日本板硝子		11
日本合成ゴム	⇒JSR	
日本ペイント		11, 12, 16
日本ロシュ		8
ニューマーケット・コーポレーション	NewMarket Corporation	12
ノバルティス	Novartis	4, 8
ノーベル・インダストリーズ	Nobel Industries	12
ノボ・ノルディスク	Novo Nordisk	12
バイエル	Bayer	2, 4, 5, 6, 7, 8, 12, 13
バイオジェン	Biogen	9
バクスター	Baxter	7
バセル	Basell	4, 6
バーディシュ	⇒BASF	
ハルディア石油化学	⇒HPL	
ハンコックタイヤ	Hankook Tire，韓国タイヤ	15
ハンツマン	Huntsman Corporation	6, 12
パンテーン	Pantene	3, 8
ハンファ・ケミカル	Hanwha Chemical	15
ビスタ・ケミカル	Vista Chemical Company	6
ビーチャム	Beecham	8
ピッツバーグ・プレート・グラス	⇒PPGインダストリーズ	
ピルキントン	Pilkington	11
ピレリ	Pirelli & Company	16
ファイアストン	Firestone	16
ファイザー	Pfizer	5, 7, 8, 10, 12
ファイザー田辺		7

社　名	外国語表記および補足	本書の章番号
ファルマシア	Pharmacia	7, 10, 12
フィリップス・ペトロリアム	Phillips Petroleum	6
フィリップス 66	Phillips 66	6
フェバ・オイル	Veba Oel	6
富士フイルムホールディングス		16
ブラウン	Braun	3
ブラスケム	Braskem	15
プラックスエア	Praxair	13
ブラナー・モンド	Brunner Mond	12
ブリストル・マイヤーズ・スクイブ	Bristol-Myers Sqibb	7
ブリヂストン		16
ブリティッシュ・ペトロリアム	⇒BP	
プロクター・アンド・ギャンブル	⇒P&G	
ヘキスト	Hoechst	4, 5, 6, 7, 8, 11, 12
ペトロチャイナ	⇒CNPC	
ペトロナス・ケミカルズ・グループ	⇒PCG	
ペトロフィナ	Petrofina	6
ベーリンガー・インゲルハイム	Boehringer Ingelheim	8
ベーリンガー・マンハイム	Boehringer Mannheim	8
ヘンケル	Henkel	3
ホナム石油化学	湖南石油化学，Honam Petrochemical	15
ボフォース	Bofors	12
マックスファクター	MaxFactor	3
マラソン・オイル	Marathon Oil Company	6
マリオン・メレル・ダウ	Marion-Merell-Dow	4, 5, 8
ミシュラン	Michelin	16
三井化学		16
三菱ウェルファーマ		16
三菱化学		16
三菱化成		10, 16
三菱ケミカルホールディングス		14, 16
三菱樹脂		16
三菱モンサント化成		10
三菱油化		16
三菱レイヨン		16

社　名	外国語表記および補足	本書の章番号
ミリポア	Millipore	8
ミレニアム・ファーマシューティカルズ	Millennium Pharmaceuticals	9, 15
メルク・アンド・カンパニー	Merck & Company	5, 7, 8
メルク KGaA	Merck KGaA	8
モザイク	Mosaic	12
モンサント	Monsanto	2, 3, 5, 7, 10
ヤラ・インターナショナル	Yara International	12
ユナイテッド・アルカリ	United Alkali	12
ユニオン・カーバイド	Union Carbide Corporation	5, 10, 12, 13
ユニリーバ	Unilever	3
ユニロイヤル	Uniroyal Tires	16
横浜ゴム		16
ヨチョン NCC	麗川 NCC，Yeochun NCC	15
ライオン		3
ライオンデル	Lyondell	4
ライオンデルバセル	LyondellBasell	6
ランクセス	Lanxess	4, 8
リチャードソン・ヴィックス	Richardson-Vicks	3, 8
リライアンス・インダストリーズ	Reliance Industries	15
リンデ	Linde	13
ルーサイト・インターナショナル	Lucite International	16
ルセル	Roussel-Uclaf	4
麗川 NCC	⇒ヨチョン NCC	
ロイヤル・ダッチ・シェル	⇒シェル	
ロシュ	Hoffmann-La Roche	4, 8, 9
ロッテ化学	Lotte Chemical	14
ローディア	Rhodia	8, 12
ローヌ・プーラン	Rhône Poulenc	4, 8
ローム・アンド・ハース	Rohm and Haas	5, 12
ローラー	Rorer	8
ロレアル	Loreal	3, 4
ロンザ	Lonza	12
ワーナー・ランバート	Warner-Lambert	7, 12
ワイス	Wyeth	5, 7, 12

本書に登場する世界の化学企業 年表

（カッコ内の数字は記載してある本書の章番号を示す）

年	会社設立，M&Aなど	化学史上のトピックスと重要企業活動
1758	ガイギー，薬種商として創業（8）	
1781	初代近江屋長兵衛，薬種仲買商始める（のちの武田薬品工業）（16）	
1789		ラボアジェ「化学原論」刊行
1792	シッケンズ設立（12）	
1799		ボルタ，電池発明
1802	デュポン設立（2）	
1825		リービッヒ，ギーセン大学で化学の新教育法
1833		ファラデー，電気分解の法則発見
1837	P&G設立（3）	
1849	ファイザー設立（7）	
1859	チバ設立（8）	
1860		ブンゼン，キルヒホッフ，分光分析でセシウム発見
1862	ヘキスト設立（4）	
1863	バイエル設立，カレ設立，グリースハイム・エレクトロン設立（4）	
1864	ニトロ・ノーベル設立（12）	ソルベー，アンモニアソーダ法工業化
1865	BASF設立（4）	ケクレ，ベンゼン環状構造
1867	アグフア設立（4）	
1869		BASF，アリザリン染料開発（4）
1869		メンデレーエフ，元素周期表発見
1870	カッセラ設立（4）	
1874		ファント・ホッフ，炭素正四面体説
1879	リンデ製氷機設立（13）	
1879		P&G，浮かぶ石けん「アイボリー」発売（3）
1883	PPG（ピッツバーグ・プレート・グラス）設立（11）	
1886	サンド設立（8）	
1890		グリースハイム・エレクトロン，ソーダ電解工業化
1892		シャルドンネ，人造絹糸工業化
1895		リンデ，液体空気工業装置開発（13）

本書に登場する世界の化学企業 年表

年	会社設立，M&Aなど	化学史上のトピックスと重要企業活動
1896	ロシュ設立（8）	
1897	ダウ・ケミカル設立（5）	
1898	UCC 設立（5）	BASF，接触法硫酸開発（4）
1899	グランツストッフ設立（12）	バイエル，解熱鎮痛薬アスピリン開発（4）
1901	モンサント設立（10）	
1902	3M 設立（1）	リンデ，純酸素の生産（13）
1907		ベークライト，合成樹脂ベークライト製造
1909		ヘキスト，梅毒治療薬サルバルサン工業化（4, 7）
1910		鈴木梅太郎，ビタミンB発見
1911	エンカ設立（12）	
1913		BASF，アンモニア合成工業化（4）
1916	バイエル，BASFらが染料利益共同体(カルテル段階のIG)形成（8）	バイエル，最初の合成ゴム，メチルゴム開発（4）
1916		BASF，ゴム加硫促進剤，老化防止剤開発（4）
1916		ルイス，原子結合に関するオクテット説
1917		BASF，アニオン界面活性剤開発（4）
1918	ガイギー，チバ，サンドが染料利益共同体（カルテル）形成（8）	
1920	米国5社合同し，アライド・ケミカル発足（12）	エクソン，石油廃ガスからイソプロピルアルコール生産（6）
1922		BASF，分散染料開発（4）
1925		3M，マスキングテープ開発（1）
1925	ドイツ主要企業合同し，IG染料工業発足（4）	BASF，メタノール合成工業化（4）
1925	武田薬品工業設立（16）	
1926	英国4社合同し，ICI発足（12）	
1927		IG（BASF），ポリ塩化ビニル開発（4）
1928		フレミング，ペニシリン発見（7）
1930		3M，セロハンテープ開発（1）
1930		デュポン，フレオン開発（2）
1930		IG（BASF），スチレンモノマー工業化（4）
1931	ブリヂストン設立（16）	

年	会社設立，M&A など	化学史上のトピックスと重要企業活動
1932		IG（BASF），合成石油工業化（4）
1933		ロシュ，ビタミンC工業化（8）
1933		ICI，高圧法低密度ポリエチレン開発（12）
1934	日本タール工業（のちの三菱化成）設立（16）	
1935		バイエル，化学療法薬サルファ剤開発（4, 7）
1939		デュポン，ナイロン開発（2）
1939		IG（バイエル，ヘキスト），カプロラクタム，6–ナイロン開発（4）
1939		ポーリング「化学結合論」刊行
1943	ダウ・コーニング設立（5）	デュポン，フッ素樹脂開発（2）
1943		IG（バイエル），ポリウレタン開発（4）
1945		3M，ビニールテープ開発（1）
1946		P&G，洗濯用洗剤「タイド」発売（3）
1947	楽喜化学工業（現在のLG化学）設立（15）	3M，オーディオテープ開発（1）
1948		デュポン，アクリル繊維開発（2）
1950		ファイザー，テラマイシン工業化（7）
1953	ドイツのIG染料工業，解体（4）	デュポン，ポリエステル繊維工業化（2）
1953		クリック，ワトソン，DNA構造解明
1954	台湾塑膠FPC設立（15）	
1955		ヘキスト，高密度ポリエチレン工業化（4）
1956	三菱油化設立（16）	
1957		バイエル，ポリカーボネート開発（4）
1959		3M，ナイロンたわし開発（1）
1959		デュポン，パラ系芳香族ポリアミド繊維開発（2）
1959		ヘキスト，アセトアルデヒド製造のヘキストワッカー法開発（4）
1960		バイエル，カチオン染料開発（4）
1964		デュポン，ポリイミドフィルム開発（2）

本書に登場する世界の化学企業 年表

年	会社設立，M&Aなど	化学史上のトピックスと重要企業活動
1965		ICI，β遮断薬開発，創薬法革新（7）
1966	リライアンス・インダストリーズ設立（15）	
1969	AKUとKZO合併，アクゾ設立（12）	
1970	チバとガイギー合併，チバガイギー設立（8）	
1971	シータス設立（9）	
1973		コーエン，ボイヤー，遺伝子組換え技術発明
1976	ジェネンテック設立（9）	ロシュ孫会社がセベソでダイオキシン汚染事故（8）
1976	サビック設立（14）	スミスクライン＆フレンチ，H_2遮断薬開発（7）
1980	アムジェン設立（9）	3M，ポスト・イットノート開発（1）
1981	デュポン，コノコを買収（2）	
1981	ジェンザイム設立（9）	
1982		ジェネンテック，遺伝子組換え法ヒトインスリン技術確立（9）
1984	ソーカル，ガルフオイルを買収，シェブロン設立（6）	UCC子会社，インド・ボパール事故（5）
1985	モンサント，化学事業をソルーシアとして分離，バイオ専業化（10）	
1986		P&G，高吸水性樹脂使用紙おむつ「ウルトラ・パンパース」発売（3）
1987	ヘキストとセラニーズ合併，ヘキスト・セラニーズ設立（4）	
1988	ブリヂストン，ファイアストンを買収（16）	
1989	ビーチャムとスミスクライン・ベックマン合併，スミスクライン・ビーチャム設立（8）	アムジェン，貧血治療薬エポジェン初出荷（9）
1991	P&G，マックスファクターを買収（3）	
1993	ICI，医薬農薬事業を分離，ゼネカ設立（8）	
1994	アクゾとノーベル・インダストリーズ合併，アクゾノーベル設立（12）	
1994	三菱化成と三菱油化合併，三菱化学設立（16）	
1995	グラクソとウェルカム合併，グラクソ・ウェルカム設立（8）	

年	会社設立，M&Aなど	化学史上のトピックスと重要企業活動
1995	ヘキスト・セラニーズとマリオン・メレル・ダウ合併，ヘキスト・マリオン・ルセル設立（4）	
1996	チバガイギーとサンド合併，ノバルティス設立（8）	モンサント，除草剤耐性遺伝子組換え作物商品化（10）
1997		ロシュ，抗体医薬品上市（8）
1998	BP，アモコ買収（6）	
1998	ロシュ，ベーリンガー・マンハイムを買収（8）	
1998	アクゾノーベル，コートルズを買収（12）	
1999	ヘキスト，セラニーズを分離（8）	
1999	ヘキストとローヌプーラン合併，アベンティス設立（4）	
1999	エクソンとモービル合併，エクソンモービル設立（6）	
1999	デュポン，コノコを売却（2）	
1999	トタル，ペトロフィナを買収（6）	
1999	ゼネカとアストラ合併，アストラゼネカ設立（8）	
2000	トタル，エルフ・アキテーヌを買収（6）	
2000	BP，アーコを買収（6）	
2000	シェルとBASFが石油化学を分離し，バセル設立（6）	
2000	アストラゼネカとノバルティスが農薬事業分離し，シンジェンタ設立（8）	
2000	スミスクライン・ビーチャムとグラクソ・ウェルカム合併，グラクソ・スミスクライン設立（8）	
2000	モンサント，ファルマシアに吸収合併（9）	
2000	ファイザー，ワーナー・ランバートを買収（7）	
2001	ダウケミカル，UCCを買収（5）	
2001	シェブロン，テキサコを買収（6）	
2002	モンサント，ファルマシアから独立（10）	
2002	ロシュ，中外製薬を買収（8）	

本書に登場する世界の化学企業 年表

年	会社設立，M&A など	化学史上のトピックスと重要企業活動
2002	SABIC，DSM の石化事業を買収（14）	
2003	ファイザー，ファルマシアを買収（7）	
2004	サノフィ・サンテラボ，アベンティスを吸収し，サノフィ・アベンティス（現在のサノフィ）設立（4）	
2004	デュポン，繊維事業から撤退（2）	
2005	P&G，ジレットを買収（3）	ファイザー，高脂血症薬リピトールの売上高が 120 億ドル超える（7）
2005	シェルと BASF が，バセル株売却（6）	
2005	BP，石化事業を売却（イネオス）（6）	
2005	三菱化学と三菱ウェルファーマと三菱ケミカル HD 設立（16）	
2006	バイエル，シェーリングを買収（4）	
2006	リンデ，BOC を買収（13）	
2007	SABIC，ゼネラル・エレクトッリックのエンプラ事業を買収（14）	
2007	三菱ケミカル HD，三菱樹脂を経営統合（16）	
2007	三菱ウェルファーマと田辺製薬 合併，田辺三菱製薬設立（16）	
2007	三菱レイヨン，ルーサイトを買収（16）	
2008	アクゾノーベル，ICI を買収（12）	
2009	ダウケミカル，R&H を買収（5）	
2009	ロシュ，ジェネンテックを完全買収（8）	
2009	ファイザー，ワイス（旧アメリカン・ホーム・プロダクツ）を買収（7）	
2009	メルク，シェーリング・プラウを買収（7）	
2010	三菱ケミカル HD，三菱レイヨンを経営統合（16）	
2011	BASF とイネオスがスチレン事業を分離，スタイロルーション設立（4）	
2013	ダウ・ケミカルがクロルアルカリと塩素誘導品事業分離を発表（5）	

参考文献

1. 3M

「3M 研究開発と技術経営」，住友スリーエムカタログ（2009）.

2. デュポン

小沢勝之，「デュポン経営史」，日本評論社（1986）.

A. Kinnane, "DuPont : From the Banks of the Brandywine to Miracles of Science", E. I. duPont de Nemours and Company (2002).

3. P&G

高田 誠，「P&G 式 伝える技術 徹底する力」，朝日新聞出版（2011）.

A. Swasy, "Soap Opera", Simon & Schuster (1993)；日本語訳は「11 番目の戒律」，アリアドネ企画（1995）.

和田浩子，「P&G 式 世界が欲しがる人材の育て方」，ダイヤモンド社（2008）.

4. BASF とバイエル

Chemoeconomicus,「戦後ドイツ化学工業の発展と構造変化」，化学経済，1978 年 1 月号〜1979 年 11 月号（18 回連載）.

工藤 章，「現代化学ドイツ化学企業史」，ミネルヴァ書房（1999）.

加来詳男，「ドイツ化学工業史序説」，ミネルヴァ書房（1986）.

T. ヘイガー，「大気を変える錬金術」，みすず書房（2010）.

V. コープ，「ナチスドイツ，IG ファルベン，そしてスイス銀行」，創土社（2010）.

5. ダウ・ケミカル

田口定雄，化学経済，2010 年 5 月号，p. 104.

L. F. ハーバー，「世界巨大化学企業形成史」，日本評論社（1984）.

6. エクソンモービル

田口定雄，「石油メジャー，石化世界戦略を堅持」，化学経済，2010 年 9 月号.

田口定雄，「石化で世界的主導権を堅持」，化学経済，2007 年 1 月号.

7. ファイザー

H. マッキンネル，「ファイザーCEO が語る未来との約束」，ダイヤモンド社（2006）.

J. C. シーハン，「ペニシリン開発秘話」，草思社（1994）.

R. M. カンターほか，「イノベーション経営」，日経 BP 社（1988）.

「ファイザー社（米国本社）の歴史」，ファイザー株式会社ホームページ.

P. ロスト，「製薬業界の闇」，東洋経済新報社（2009）.

八木 崇，「世界の医薬品市場の構造変化と製薬産業の収益基盤」，政策研ニュース No. 28（2009 年 8 月）.

8. ロシュ

岸 永三,「外資系製薬企業激動の時代」, 日本能率協会マネジメント (1996).

L. F. ハーバー,「世界の巨大化学企業形成史」, 日本評論社 (1984).

吉森 賢 編,「世界の医薬品産業」, 東京大学出版会 (2007).

丸山博巳,「新しい病気と製薬の現場」, 図書新聞 (2007).

9. アムジェン

アムジェン社アニュアルレポート 2004 (創業 25 周年記念号).

G. B. Rathmann, Ph. D., "Chairman, CEO, and President of Amgen, 1980–1988", an oral history conducted in 2003, The Bancroft Library, University of California, Berkeley, 2004.

森田 桂,「新薬はこうして生まれる」, 日本経済新聞社 (2009).

10. モンサント

田口定雄,「農学バイオに先陣切るモンサント」, 化学経済, 2009 年 11 月号～2012 年 2 月号 (4 回連載).

11. PPG インダストリーズ

黒川高明,「ガラスの技術史」, アグネ技術センター (2005).

田口定雄,「PPG, 塗料グローバル化に活路」, 化学経済, 2009 年 6 月号.

12. アクゾノーベル

田口定雄, 化学経済, 2011 年 6 月号, p. 100.

"Tomorrow's Answers Today : The history of AkzoNobel since 1946", AkzoNobel (2008).

13. リンデ

山岡 望,「化学史伝」(脚注版), 内田老鶴圃新社 (1968).

平田光穂,「多成分系の蒸留」, 科学技術社 (1955).

"125 Years of Linde : A Chronicle", Linde AG (2004).

14. サビック

2011 年版「世界化学工業白書」, 化学経済, 2011 年 3 月増刊号.

15. FPG, LG 化学, リライアンス・インダストリーズ

関 志雄,「中国, 問われる国家資本主義」(経済教室), 日本経済新聞 2012 年 5 月 24 日.

大田泰彦,「TPP と国家主義資本」(時事解析), 日本経済新聞社 2012 年 5 月 14～18 日.

16. ブリヂストン, 武田薬品工業, 三菱ケミカルホールディングス

「ブリヂストン物語」, 株式会社ブリヂストンホームページ.